普通高等教育艺术设计类
"十三五"规划教材

JIAJU JIEGOU SHEJI

家具结构设计

主　编　唐彩云

副主编　朱芋锭　李江晓

参　编　赵林红

中国水利水电出版社
www.waterpub.com.cn
·北京·

内 容 提 要

本书结合我国国情、行业特色和教学要求，在吸收国内外最新技术成果的基础上，集专业性、知识性、技术性、实用性、科学性和系统性于一体，注重理论与实践相结合，旨在提高我国家具造型设计、结构设计等方面的技术水平。本书按照家具设计学习与实践的脉络将复杂的理论进行系统安排，同时提供大量的实际案例与图片，注重设计的实践性，基本反映了当前家具结构设计最前沿的知识，适合于家具设计与制造、室内设计、产品设计、艺术设计、木材科学与工程（家具设计与制造）等相关专业的专、本科生和研究生的教学使用，同时也可供家具企业和设计公司的专业工程技术与管理人员参考。

本书理论联系实际，内容全面，通俗易懂，且每章后提供了实际案例与课后思考练习供广大学习者参考。另为方便教学，本书配有 PPT 电子课件，可在 http://www.waterpub.com.cn/softdown 免费下载。

图书在版编目（CIP）数据

家具结构设计 / 唐彩云主编. -- 北京 ：中国水利
水电出版社，2018.2（2021.1重印）
普通高等教育艺术设计类"十三五"规划教材
ISBN 978-7-5170-6201-1

Ⅰ. ①家… Ⅱ. ①唐… Ⅲ. ①家具－结构设计－高等
学校－教材 Ⅳ. ①TS664.01

中国版本图书馆CIP数据核字(2017)第326288号

书　　名	普通高等教育艺术设计类"十三五"规划教材 **家具结构设计** JIAJU JIEGOU SHEJI	
作　　者	主　编　唐彩云 副主编　朱芋锭　李江晓 参　编　赵林红	
出版发行	中国水利水电出版社 （北京市海淀区玉渊潭南路 1 号 D 座　100038） 网址：www.waterpub.com.cn E - mail：sales@waterpub.com.cn 电话：(010) 68367658（营销中心）	
经　　售	北京科水图书销售中心（零售） 电话：(010) 88383994、63202643、68545874 全国各地新华书店和相关出版物销售网点	
排　　版	中国水利水电出版社微机排版中心	
印　　刷	天津嘉恒印务有限公司	
规　　格	210mm×285mm　16 开本　10 印张　310 千字	
版　　次	2018 年 2 月第 1 版　2021 年 1 月第 2 次印刷	
印　　数	3001—5000 册	
定　　价	**45.00 元**	

前言

　　家具是人类生活中必不可少的生活用具，也是现代生活方式的载体。根据社会学家的统计，大多数社会成员与家具接触的时间占人生的三分之二以上。家具的造型与结构，与人类生活方式息息相关，尤其是现代家具的造型与结构设计，更是体现当代生活水平和质量的主要标志。

　　一谈到家具设计，年轻的设计师们很自然地就想到了家具的造型、构图、创新，而忽视家具的材料与结构。其实家具结构设计在家具设计中占有相当重要的地位。家具形态与结构的关系就如人的相貌与五官的关系。相貌就如家具的形，而五官则好比是家具结构。如果五官的位置不当，不仅形无法支撑，貌也将荡然无存。因而家具结构设计是家具设计中至关重要的内容。

　　基于此因，为提高家具造型设计、结构设计等方面的技术水平，从国情、行业特色和教学要求出发，在吸收国内外最新技术成果的基础上，我们组织编写了此书。本书集专业性、知识性、技术性、实用性、科学性和系统性于一体，注重理论与实践相结合，按照家具设计学习与实践的脉络将复杂的理论进行系统安排，同时提供大量的实际案例与图片，注重设计的实践性，基本反映了当前家具结构设计最前沿的知识，适合于家具设计与制造、室内设计、产品设计、艺术设计、木材科学与工程（家具设计与制造）等相关专业的本、专科生和研究生的教学使用，同时也可供家具企业和设计公司的专业工程技术与管理人员参考。

　　本书结合现代家具设计的要求及功能的需要，全面介绍了常用的家具结构设计的有关知识，包括绪论、传统家具结构设计、现代实木家具结构设计、板式家具结构设计、软体家具结构设计、金属家具结构设计、家具结构制图规范与图样表达共7章。其中，第1章、第7章由李江晓编写；第2章、第4章由唐彩云编写；第3章由赵林红编写；第5章、第6章由朱芋锭编写。全书由唐彩云统稿和修改。本书的编写与出版，承蒙中国水利水电出版社淡智慧主任及刘佼编辑的筹划与指导，此外，本书还参考了国内外相关参考书和企业产品目录中的部分图表资料，在此，向所有关心、支持和帮助本书出版的单位和人士表示最衷心的感谢！

　　鉴于家具结构设计将与时俱进、不断完善、不断提高，本书仅起抛砖引玉的作用。由于编者的水平有限，书中的错误与不足之处在所难免，恳请广大读者予以批评指正，不胜感谢。

编　者

2017 年 8 月

目　　录

第1章

绪　论

1.1　家具结构设计的概念

家具的结构具有多重含义，不仅包含单一构件的载荷和接合，更特指内部零部件的相互连接方式。家具结构是其用以支承外力和自重并将荷载传递到结构支点而延至地面的一个系统。家具结构设计就是在制作产品前，预先规划、确定或选择连接方式、构成形式，并用适当的方式表达出来的全过程。

随着人类文明的进步，家具结构的发展经历了一个漫长的过程。早期的家具结构依赖于榫卯接合为主的连接构造形成的实木穿透框架式模式，并辅之以金、银、铜、贝壳、珠宝的镶嵌加以点缀。随着西方工业生产的诞生和发展，以焊、铆结构为主的铁艺、金属家具逐步兴起；接着近代人造板工业发展，大量刨花板、纤维板、胶合板被使用，在改变传统家具材料构成模式的同时，也促进了家具部件构造的简化，带来了家具结构的一次革命，并逐步形成了当今家具的另一主流产品结构——板式结构。而随着当代新材料，新工艺的日新月异，家具的结构形式也迎来了一个多元化的时代：以工程塑料为构造主体的薄壳塑料家具结构；以充气式结构为主的气囊式家具；以胶黏剂为连接主体的弯曲木家具结构；以缠扎、编织为连接方式的竹木、藤编家具；以收、折、叠功能为主的折叠结构家具；以缝、扎、填充、包裹为主的软体结构家具。

无论哪种家具都是在材料的基础上，以特定的结构方式，通过一定的技术条件和工艺来实现造型、功能要求的。随着科学技术的发展，新材料、新设备、新工艺的不断涌现，为产品的结构设计提供了更为广阔的发展前景。

1.2　家具结构设计的内容

结构是工艺设计构成的中心，也是形成家具的技术手段。家具形式主要采用以下六类常用结构方式：①榫卯结构；②胶合结构；③五金连接件结构；④金属铆、焊接结构；⑤包覆和编织结构；⑥整体浇铸、模压、雕琢及充气体、液体结构。

在常用结构方式的基础上，家具结构设计包括零部件的外部结构、核心结构设计以及产品系列的系统结构设计。零部件外部结构设计是指外观造型及相关的整体结构设计，如零部件的形状、规格尺寸、家具与相关产品的连接；核心结构是指有核心功能的产品结构；系统结构是指为了做到零部件的通用化、系列化、模块化而进行的结构研究。具体来说，即材料的合理选择与计算，确定合理的加工形状与尺寸，制定零部件之间的接合方式，确定局部与整体构造的相互关系。结构设计的结果应有相应的图样反映出来，并能根据结构图样组织生产。结构设计需要考虑的因素较多：家具使用原材料和辅助材料的品种规格，零部件的榫接合和各种连接件接合，涂饰材料和胶料等，组成家具中的各个零件、部件的形状结构，加工的工艺流程，家具的装配方法等。科学合理的结构设计，可增强制品强度、降低材料消耗、提高生产效率。

对于一件家具产品来说，结构是产品功能的承担者，决定产品功能的实现；对产品系统而言，系统结构影响产品的系列化，决定着产品系统对客户需求的适应性。结构受到材料、接合方式、五金、工艺、使用环境等诸多方面的制约，同时也影响着工艺，因此设计过程必须严谨细致。

1.3　家具结构设计的原则

1. 材料性原则

结构设计离不开材料的性能，对材料性能的把握是家具结构设计所必备的基础。材料不同，组织结构也不相同，材料的物理、力学性能和加工性能就会有很大的差异，零件之间的接合方式也就表现出各自的特征。一个好的家具结构设计，应有利于提高产品的强度，节省原材料，降低生产成本；应有利于机械化、自动化生产，提高生产效率，降低劳动强度；保证产品质量稳定；能丰富和增加产品的造型艺术效果，简化构造，满足功能；能确保产品强度牢固、安全、耐久，延长使用寿命。根据家具材料，选择、确定接合方式，是结构设计的有效途径。

2. 工艺性原则

家具产品设计还必须具有工艺性。所谓工艺性，应分为两个方面：一是材料本身的加工工艺性；二是零件及部件外形的加工工艺性。加工设备、加工方法是家具产品的技术保障。零部件的生产不仅是形的加工，更重要的是接口的加工。接口加工的精度、经济性直接决定了产品的质量和成本。因此，在进行产品的结构设计时，应根据产品的风格、档次和企业的生产条件合理确定接合方式。

3. 稳定性原则

家具的属性之一是使用功能。各种类型的产品在使用过程中，都会受到外力的作用。如果产品不能克服外力的干扰保持其稳定性，就会丧失其基本功能。家具结构设计的主要任务就是要根据产品的受力特征，运用力学原理，合理构建产品的支撑体系，保证产品的正常使用。

4. 人体工学原则

人体工学是以劳动生理学、工业卫生学、人类学等学科的研究成果为基础，研究生产器具、生活用具、生活条件和环境等与人体功能相适应的科学。家具结构设计必须符合人体工学原则，根据人体尺寸、动作尺寸、活动方式、各种生理特征来确定家具的尺度、色彩、光泽、软硬度等，最终使人和家具之间处于一种和谐的平衡状态。

5. 装饰性原则

所谓装饰性，就是指家具产品的外观设计必须符合形式美的一般规律。具体说，是通过设计者的巧妙构思，给产品以不同的点线面组合，产生符合几何规律的形体、合理的材料质感、与环境相适宜的色彩，使家具产品在造型上符合艺术造型的美学规律和形式美法则。

家具不仅仅是简单的功能性物质产品，更是一种广为普及的大众艺术品。首先，家具的装饰性不只是由产品的外部形态表现，更主要的是由其内部结构所决定。因为家具产品的形态（风格）是由产品的结构和接合方式所赋予的。如榫卯接合的框式家具充分体现了线的装饰艺术；五金连接件接合的板式家具，则在面、体之间变化。其次，连接方式的接口（各种榫、五金连接件等），本身就是一种装饰件。藏式接口（包括暗铰链、暗榫）外表不可见，使产品更加简洁；接口外露（合页、玻璃门铰、脚轮等连接件、明榫），不仅具有相应的功能，而且可以起到点缀的作用，尤其是明榫能使产品具有浑然天成的自然风格。

6. 经济性原则

家具产品作为一种商品还必须体现一定的经济性原则，以适应人们不同的消费水平。而对于家具生产厂家来说，应尽量达到高产低耗，取得相应的经济效益。因此家具产品设计的经济性不仅仅局限于低的成本，而是一个关系到家具设计全局的系统工程的问题。合理的结构设计，能给消费者带来更高的使用价值；同时在家具产品设计的过程中，除了要便于机械化生产外，还要合理用料，根据具体情况搭配使用高、中、低各档次的原材料。同时应使设计的零件尺寸尽量与原料尺寸相适应，以求用最优化最简洁的结构体现造型，使产品在同等美学功能上实现商业价值的最大化。

7. 环保性原则

设计家具产品时必须考虑环保功能。一是家具产品本身对环境无破坏性，这就要求在选择原材料、表面材料及涂料时避免使用产生挥发性气体及具有放射性的物质，如游离甲醛、苯等；二是应考虑资源的持续利用，因为家具产品大量采用木质材料为基本原料，由于需求量与资源生长量的尖锐矛盾，使森林资源日显珍贵，为此设计家具产品时，应尽量利用各种人造板材和其他材料为原料，以人造材料代替天然材料，使森林资源得以保护，生态环境不至于恶化。

1.4 家具结构设计的程序

家具的结构设计依附于产品设计的全过程，因此设计程序也必然遵循产品设计的程序。设计程序是指对产品设计工作步骤、顺序和内容的规定。家具设计本身是建立在工业化生产方式的基础上，综合材料、功能、经济和美观等诸方面的要求，以图样形式表示的设想和意图。一项产品设计工作从开始到完成必然依据一定的进程，依照程序层层递进，并在序列性进程中体现和提高设计效率。

另外，由于各个企业的经营管理模式、产品类型、设计开发能力、设计人力资源、企业的经济实力等因素的差异性，还要考虑到不同企业各自的产品设计开发程序。

但总的来说，家具产品设计一般都要经历以下几个阶段（图1.1）。

家具的结构设计要严格遵循以上设计程序，做到结构的设计以家具产品特点为基础，以科学的流程为手段，使设计与生产制造的质量得到保证。

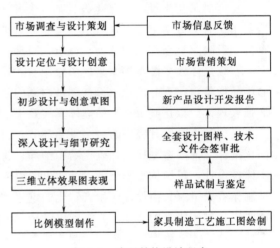

图1.1 家具结构设计程序

1. 市场调查与设计策划

家具设计是以市场为导向的创造性活动，它要求创造满足大众需求的消费市场，同时又能批量生产，便于制造，创造效益。为此，家具结构设计也要遵循市场规律，进行全方位的市场调查，以便掌握较为全面的资料。只有在此基础上进行纵向与横向的对比，对市场与信息进行准确的分析定位，才能保证较高的成功率，降低企业风险。

家具设计策划就是在市场调查的基础上，通过需求分析和市场预测，确立设计目标。针对将要开发的产品确定其进入市场的时间、地点和条件，并制订策划方案与实施计划，确保设计活动正常有序地进行。

2. 设计定位与设计创意

设计定位是指在设计前期对资料进行收集、整理、分析的基础上，综合一个具体产品的使用功能、材料、工艺、结构、尺度和造型、风格而形成的设计目标或设计方向。设计定位是着手进行造型和结构设计的前提和基础，所以要先确定设计定位。设计定位通常以设计任务书的形式来表达。通过编制设计任务书，提出所设计产品的整体造型风格、颜色搭配、材料选择、功能配置以及产品的技术性能、质量指标、经济指标、人机性能、环境性能等方面的要求。随着设计进程中的创意深化，设计定位也是在不断变化的，结构设计也会因此随之发生改变。

设计创意主要是考虑设计什么样的产品、受众群体、产品行业现状、形态、功能、结构、新技术与新材料的应用、新的创意等。新产品开发设计的创造性规律告诉我们，只有从全新的视点出发，从产品开发的关键点展开，才能有效地创造出新的产品设计。

3. 设计表达与设计深化

家具产品设计是一个系统化的进程，其具体过程为：从最初的创意构思，通过"具体—模糊—集中—扩展—再集中—再扩展"这种反复螺旋上升的创意过程，形成最佳目标的初步设计方案；然后在初步设计提炼出来的草图基础上，把家具的基本造型进一步用更完整的三视图和立体透视图的形式绘制出来，初步完成家具造型设计，确定家具的外观形式、总体尺寸及形状特征；接着在家具造型设计的基础上进行材质、肌理、色彩的装饰设计；最后再进行结构细节设计。

结构设计主要是确定零件合理的加工形状与尺寸、材料的合理选择与计算、制定零部件之间的接合方式及加工工艺、确定局部与整体构造的相互关系。科学合理的结构设计，可增强产品的强度，降低材料消耗，提高生产效率，因此必须加以重视。同时，在家具深化设计与细节研究的设计阶段应加强与生产制造部门的沟通，并进行必要的成本核算与分析，使家具深化设计进一步完善。

结构细节设计对产品的最终质量非常重要，并影响到产品的成本，如果不按正常工序设计，一个工艺过程的节省可能会导致产品售后服务费用的成倍增长。

4. 三维立体效果图表现与模型制作

在完成了初步设计与深化设计后，要把设计的阶段性结果和创意表达出来，作为设计评判的依据，送交有关方面审查，这就是三维立体效果图和比例模型制作。效果图和模型要求能准确、真实、充分地反映家具新产品的造型、材质、肌理、色彩，并解决与造型、结构有关的制造工艺问题。

三维立体效果图是将家具的形象用空间投影透视的方法，运用彩色立体形式表达出具有真实观感的产品形象，在充分表达出设计创意内涵的基础上，从结构、透视、材质、光影、色彩等诸多元素上加强表现力，以达到视觉上的立体真实效果。

模型制作是设计程序的一个重要环节，也是检验结构设计是否科学、合理的重要手段，是进一步深化设计，推敲造型比例，确定结构细部、材质肌理与色彩搭配的方法。家具产品设计是立体的物质实体性设计，单纯依靠平面的设计效果图检验不出实际造型产品的空间体量关系和材质肌理效果，模型制作就成了家具由设计向生产转化的重要一环。最终产品的形象和品质感，尤其是家具造型中的微妙曲线、材质肌理的感觉，必须辅以各种立体模型制作手法来对平面设计方案进行检测和修改，通过设计评估后才能确定进一步转入制造工艺环节。

5. 家具制造工艺施工图绘制

在家具效果图和模型制作确定之后，整个设计进程便转入制造工艺环节。家具施工图是新产品投入批量生产的基本工程技术文件和重要依据。家具施工图必须按照国家制图标准绘制，包括结构图、装配图、零部件图、大样图、开料图等生产用图样。同时还必须提供家具工艺技术文件，包括零部件加工流程表（工艺流程、加工说明与要求）、材料计划表（板材、五金件清单）等，并设计产品包装图，编制技术说明、包装说明、运输规则及说明、使用说明书等。家具工艺图样要严格按照工程技术文件进行档案管理，图样图号编目要清晰，底图一定要归档留存，以便以后复制和检索。

6. 样品试制与鉴定

在完成家具施工图样和工艺设计后，要通过试制来检验产品的造型效果、结构工艺性，审查其主要加工工艺能否适应批量生产和本企业的现行生产技术条件，以及原材料的供应和经济效益方面有无问题等，以便进一步修正设计图样，使产品设计最后定型。在整个试制过程中，设计人员应负责技术监督和技术指导，并要求试制人员做好试制过程中的原始记录，将设计、工艺和质量上存在的问题、缺陷、解决措施和经验，以及原辅材料、外协件、五金配件等的质量情况和工时消耗定额等详细记录下来，然后对记录进行整理分析，以供样品鉴定和批量生产时参考。

样品试制成功后，还必须组织企业各相关部门或专业主管部门的有关人员对其进行严格的鉴定，从技术上、经济上对它做出全面的评价，以判定样品是否可达到预定的质量目标和成本目标，能否进入下一阶段的批量生产。鉴定后要提交鉴定结论报告，并正式肯定经过修改的各项技术文件，使之成为指导生产和保证产品质量的依据。

7. 全套设计图样、技术文件会签审批

设计部门在产品得到全方位鉴定确认后，要全面整理完善设计图样及文件，内容包括：产品效果图、结构装配图、零部件图、零部件清单、开料图、材料计划表（板材明细表、五金配件明细表、涂料用量）、包装材料清单、包装说明、产品安装说明等。设计图样与相关技术文件必须通过校对和审核才能生效。必要时，设计人员还要进行批量生产跟踪，以了解批量生产过程中的实际情况，记录因设计带来的产品质量、工艺、成本等方面存在的问题，为进一步完善设计积累经验。

8. 产品设计开发报告书

当家具产品设计工作完成后，为了全面记录设计过程，更系统地对设计工作进行理性总结，全面地介绍推广产品设计开发成果，为下一步产品生产做准备，就需要编写产品设计开发报告，它既是设计工作最终成果的形象记录，又是进一步提升和完善设计水平的总结性报告。

9. 市场信息反馈

产品最终目标价值的实现，不能仅靠自身设计构成和一个好的营销策划，还必须在实际运作过程中不断跟进，不断完善设计，及时发现问题，准确地采取对策和措施，从而保证产品的设计开发能创造出更高的社会效益和经济价值。产品从设计、生产到商品、消费，整个过程是按照严密的次序逐步进行的，已形成了一个循环系统。这个过程有时会前后颠倒，相互交错，出现回头现象，这正是为了不断检验和改进造型、结构等各方面的设计，最终实现设计的目的和要求。

课 后 思 考 与 练 习

（1）什么是家具结构设计？家具结构设计都包含有哪些内容？
（2）试述家具设计的原则。
（3）试述家具设计的程序。

第2章

传统家具结构设计

中国传统家具历史悠久，几千年来始终保持着独具特色的民族风格，在世界家具史上享有盛誉。在漫长的中国传统家具演变过程中，明式家具用材讲究、结构稳固与精密，对近代及现代家具的结构发展产生了较大的影响。在科学技术飞速发展的当今社会，研究传统家具结构的目的在于以下两个方面：其一，为修复与保护传统家具精品，复制传统家具提供科学依据；其二，取传统家具结构精华，促现代家具结构的科学发展。

2.1 传统家具结构分析

在传统木家具中，明式家具达到了登峰造极的境地。它不仅用材讲究，线条流畅，比例适度，体态简捷，而且结构稳定、牢固、实用、符合力学原理。在构造上充分考虑了材料的质地、纤维方向、胀缩变形、力学特性、加工方法等特点，形成了许

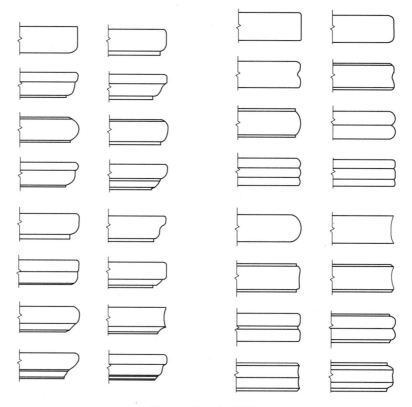

图 2.1 明式家具线脚

多独特的结构形式。明式家具巧妙地运用结构与形态的关系，在不失其结构力学强度的同时，采用改变零件断面形状、利用曲线零件、接点处局部增强等手法，简化家具外观的造型，达到内外兼修的境界。

图 2.1～图 2.4 分别展示出了明式家具零件断面与边缘线脚的变化、腿足线脚、流线型曲线零件、变断面型零件的几个应用实例。零件的断面面积相同时，圆形或棱边倒角半径大的零件，视觉感受体量较小。台面边缘线型也能调节家具的体量感。

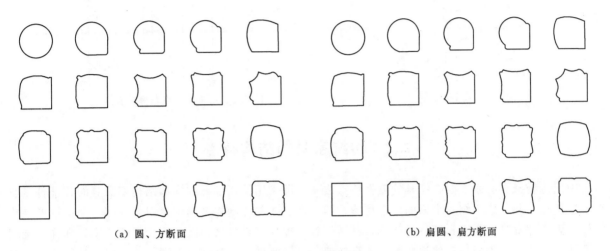

（a）圆、方断面　　　　　　　　　　　　　　（b）扁圆、扁方断面

图 2.2　明式家具腿足线脚

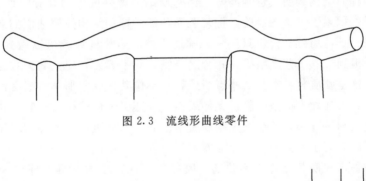

图 2.3　流线形曲线零件

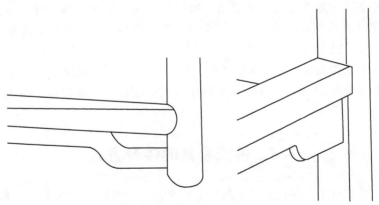

图 2.4　曲线型与变断面型零件

在明式家具中常用增大接点处零件断面尺寸的方法增强接合点的强度。明式家具还利用图 2.5 所示的八字形构造提高家具结构的强度与稳定性。在榫接合处理上，明式家具采用斜角榫、格角榫接合，如图 2.6 所示。这类接合不仅不外露木材的端面，又可以利用接合部位形成接缝，获得独特的装饰效果。

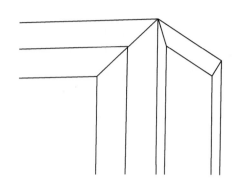

图 2.5　八字形构造　　　　　　　　　　　图 2.6　斜角榫、格角榫接合

2.2　传统家具的结构特点

中国传统家具有别于西方家具的最大特点之一，即采用精巧准确的榫卯结构将家具的各部件紧密组合连接在一起，成为结实牢固的一个整体。西方家具的部件则靠金属构件组合连接。中国榫卯结构的优点为：榫本身即是家具部件的联体，材质一致，榫和家具寿命相同。不会像西方家具那样：金属配件锈蚀氧化，部件极易自然损坏而使家具散架。金属配件与家具材质不同，接合以后软硬不一，易磨损、易移动、易散架，甚至修缮也很困难。

中国传统家具的榫卯结构到明代达到高峰。性坚质细的海外硬木因郑和下西洋而不断进入中国。使匠师们对于硬木操作积累了丰富的经验，把复杂而巧妙的榫卯结构按照他们的意图制造出来。构件之间，完全不用金属钉子，鱼鳔黏合也只是一种辅助手段。全凭榫卯就可以做到上下、左右、粗细、斜直连接合理，面面俱到。其工艺之精确，扣合之严密，间不容发，使人有天衣无缝之感。硬质材料对榫卯要求特别高，这是硬质材料本身的特点所致，它不像其他软木那样有耐受性。硬质木材顾名思义就是一个"硬"字，大凡硬木都坚而脆，无伸缩性。榫卯必须做得松紧得宜、科学合理，如果榫大眼小，装榫时用力过大则易开裂，榫小眼大则易脱落。而软木榫眼，一般榫大眼小，用力装榫，打入眼中，眼不裂而榫则压缩变小不会损坏。标准要求是：硬木榫用锤子轻轻敲打可以装入眼中，既不裂开，也不脱落。再用黏合剂使其黏合永不脱落。胶黏剂古代在硬木家具上即作为加固接合的辅助手段。古代用海里的黄鱼鳔，蒸煮、碾碎、敲打而成，其特点是便于使用也容易回修。如果材料需拆换，只要在火上烘一烘，经过加热即可溶开，拆开调换修理。缺点是容易变质，在雨季易霉变发臭，不卫生且黏度打折。如果用变质的鳔胶黏合榫卯，即可以看到一条明显的黑线，影响美观。现在发明了专供硬木家具使用的化学黏合剂，其优点是使用方便、黏性强、能耐强、卫生美观，却难以拆开修理。

2.3　传统家具的接合方式

了解古典家具，应该从工艺结构开始了解，为什么古塔千年不倒，为什么百年的家具都无任何松动呢？下面，让我们通过结构来了解古典家具，欣赏我国古代家具的精华。

2.3.1　基本接合

传统家具的榫卯结构由古建筑结构转变而成。从现存的传统家具可以看到 3 种形式，也可算是发展三部曲。

（1）出头榫：在较早的明代家具中可见，还保留着做大木梁架的特征。

（2）明榫：在明代家具中多见，也称过榫，即眼打穿，榫从眼中穿出来与外边平，在外侧面可明显见到榫头，榫头中间还可见到木销的痕迹，其优点是榫头深而实，可在榫头中间加木销，即使木材收缩，榫也不会脱落。弥补了古代加工技术、加工工具和黏合剂的不足。

（3）暗榫：也称半榫，明代后期及清代初期开始使用，直至近代几乎全用暗榫。其优点是美观，不影响木面木纹的整体效果，缺点是容易产生虚榫，即眼深而榫短，或眼大而榫小，用胶来填塞，影响接合牢度和耐固性。

下面就明代及清代前期的家具中某些构件的组成和若干构件之间的关系，来阐述它们的结构方法，并对所用的榫卯作一些讲解，附必要的插图。

1. 箱框角部接合

两直角板的端部接合，常采用明燕尾榫、半隐和全隐燕尾榫。全隐燕尾榫是两面都不露榫头，又称"闷榫"或"暗榫"，是硬木家具常见的接合方式。

2. 攒边格角榫接合

除了床、架类以外，所有的家具都由框架和面板组成。特别是框类与板组合成椅、台、桌、凳的面子在家具中占据着特别重要的地位，就像人的面孔一样重要。既要美观又要耐用坚固，也是最容易变形遭损的重要部位，是历代家具制作匠师格外注重的部件。框榫格角与板面的结合形成攒边格角榫，个中的学问特别有意思（图2.7）。木框料四根，两根长而出榫的叫"大边"，两较短而凿眼的叫"抹头"，这是长方形家具的面子。传统家具都做明榫，长方形家具大都横向陈列，如长条桌、长条茶几、大供桌之类。大边做榫，抹头凿眼，接合以后，明榫则在侧面，不影响正面木纹的美观，榫与大边连接为一体也很牢固，所以形成"大边"做榫的传统。现在通行做半榫（暗榫）也都以"大边"做榫为准。

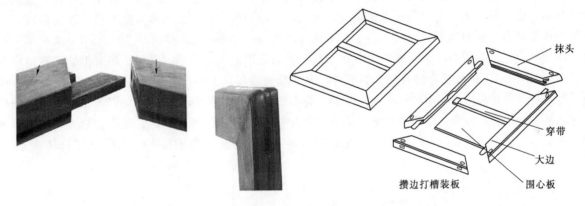

抹头

穿带

大边

攒边打槽装板

围心板

图 2.7　攒边格角榫

3. 薄板拼合——拼板龙凤榫

桌或台的面板很宽时需要两块或更多块薄板拼起来才够时，就要用"龙凤榫"拼接加穿带。先把板的一个长边刨出断面，为燕尾形的长榫，再把与它相邻的那块板的长边开出下大上小的槽口，用推插的办法把两块板拼拢，所用的榫卯叫"龙凤榫"。这样可以加大榫卯的胶合面，防止拼缝上下翘错，并不使拼板从横的方向拉开。

薄板依次拼完，用胶粘后，为了增强强度，必须在板背面穿上一样木料，称为"穿带"。做法是在横贯拼板背面开一下大上小的槽口，名叫"带口"；穿嵌一面做成梯形长榫的木条，名叫"穿带"。带口及带身的梯形长榫都一端窄，一端稍宽。长榫从宽处推向窄处，这样才能穿紧。穿带两端出头，留做榫头，再接合在面框上。这种分大小的穿带扣榫称为燕尾榫，俗称"鱼尾扣"，因其形状而得名，这种扣榫由于燕尾将面板紧紧扣住，又榫身的厚度比面板厚，牢固得多，使板面不会波动，弯曲变形，如图2.8所示。

4. 丁字形（或 T 形）接合

丁字形接合是指一方材端部与另一方材中部的接合。丁字形接合中很少用平头接合，而大多将表面交接处加工成等腰三角形或把三角形顶尖截去，并同时用直榫与另一方材的榫眼相接合，这种接合

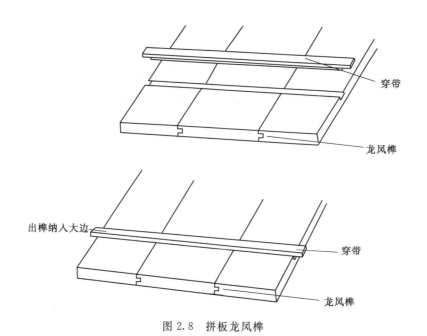

图 2.8　拼板龙凤榫

通常称为格肩榫。在具体做法上又有"大格肩""小格肩""实肩"及"虚肩"之分。外表呈三角形的称大格肩；去掉三角形顶尖的称小格肩；表面三角形与榫头一体的称实肩；表面三角形与榫头之间有间隙的称虚肩，虚肩又称"飘肩"，圆材接合多用虚肩。

　　格肩榫榫头在中间，两边均有榫肩，故不易扭动，坚固耐用。小格肩榫通常在家具交接处表面起涡线时用，它的制作方法是：一根木枨端处开榫头，两侧为榫肩，靠里面为直角平肩，外面格肩呈没有角的梯形格角，两肩部都为实肩，另一根木枨开出相应的榫眼，靠外面榫眼上面挖出一块和梯形格角一样的缺口，然后拍合。大格肩榫一般在家具交接处采用阳线时应用，它和小格肩榫的区别是肩部为尖角，"小格肩"则故意将格肩的尖端切去，肩部都为实肩。大格肩榫又有带夹皮和不带夹皮两种做法。格肩部分和长方形的阳榫贴实在一起的，为不带夹皮的格肩榫，又叫"实肩"。格肩部分和阳榫之间还凿剔开口的，为带夹皮的格肩榫，又叫"虚肩"。带夹皮由于加了开口，胶着面增大，比不带夹皮的要坚牢一些，但如果是较小的材料，则会因为材料剔除较多，而影响榫卯的强度，如图2.9所示。

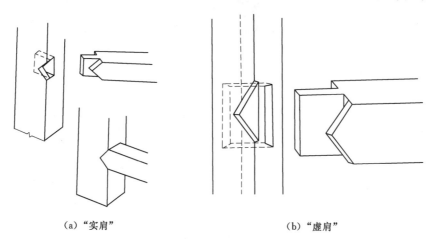

（a）"实肩"　　　　　　　　　　　　　（b）"虚肩"

图 2.9　大格肩榫

　　圆形材料的横竖材接合，如官帽椅搭脑与后腿的交接，圆形罗锅枨与圆腿的交接，圆形直枨与横枨的交接等，一般开榫头时，两侧肩部里面都挖成圆弧形，交接后使其包裹部分圆形构件。因榫头两肩好像飘动的翅膀，故这种形式又被称为"飘肩榫"，如图2.10所示。

　　"裹腿枨"又名"裹脚枨"也是横竖材丁字形接合的一种，多用在圆腿的家具上，偶见方腿家具用它，但须将棱角倒去。裹脚枨的表面高出腿足，两枨在转角处相交，外貌仿佛是竹制家具用一根竹

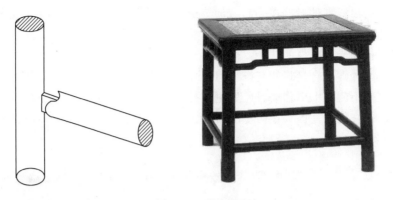

图 2.10　飘肩榫

材煨烤弯成的枨子，因它将腿足缠裹起来，故有此名，如图 2.11 所示。

图 2.11　裹腿枨

5. 直角材接合

椅子靠背的转角处，床围子中构成图案的横竖短材角接合处都是属于这类接合。常采用的有两种形式。一种是 45°斜角接合，采用单榫或双榫，如图 2.12（a）所示；另一种是两根相接合的方材端部先加工成弯曲外形略似烟斗，所以又称"挖烟袋锅榫"接合，如图 2.12（b）所示。

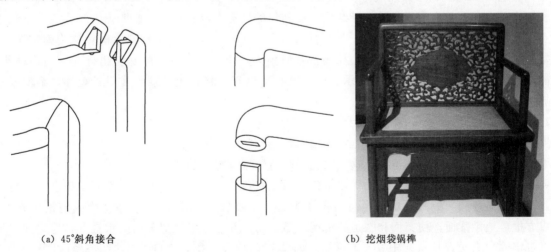

（a）45°斜角接合　　　　　　　　（b）挖烟袋锅榫

图 2.12　直角材接合

挖烟袋锅榫。搭脑凡靠背椅和木梳背椅的搭脑（靠背顶端的横料）中部，有一断高起的，要比用直搭脑的晚；靠背椅的搭脑和后腿上端格角相交，是一统碑椅的特点，为广式家具的传统造法。苏州地区造的明式椅子（灯挂椅），此处多用挖烟袋烟袋锅榫卯，时代较早。

6. 曲线材对接

曲线材对接是圈椅扶手对接时常采用的一种搭接形式，并在中间加楔形榫定位，使之不能错动，这样可使两根或更多的曲线零件对接在一起，加工成圈椅扶手或其他曲线零件，如图 2.13 所示。

楔钉榫是用来连接弧形弯材的一种十分巧妙的榫卯。圈椅的椅背与扶手设计成一体，必须用 2 节或 2 节以上的短材拼接而成。圈椅的扶手，部分圆形桌几的面和托泥用此法做成。

楔钉榫基本上是两片榫头合接式的交搭，但两片榫头之端又各出小榫，小榫入槽后便使两片榫头紧贴在一起，管住它们不能向上下移动。此后更在搭口中部凿成长方孔，将一枚断面为长方形的头粗而尾细的榫钉贯穿过去，使两片榫头在向左向右的方向上也不能拉开，于是两根弧形弯材便严密地接成一体了，如图 2.13 所示。

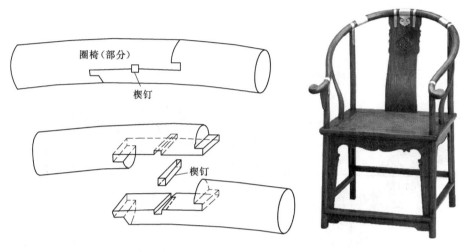

图 2.13　曲线材对接——楔钉榫

2.3.2　家具腿足和上部的接合

2.3.2.1　无束腰腿和上部的接合

腿足上端加工出长、短榫头各一个，直接与上部木框的大边、抹头相接合，主要用于桌、椅、凳、榻腿足与上部的接合。腿与腿之间安牙子与横撑，有的安直撑，有的安罗锅撑，有的在撑上加短柱——"矮老"，以支承上部的边框。

长短榫是古典家具中最常见的一种结构，提到长短榫类古典家具，自然要为大家介绍一下长短榫的特点。长短榫的两个榫头一长一短，并且朝向两个方向，其用处主要是把边梃和抹头固定在一起：长榫接边梃，短榫则用来接抹头。因边抹接合用格角榫，抹头两边打榫眼腿料出榫与大边出榫相碰，故只能取短榫才更牢固，如图 2.14 所示。桌类家具不论有束腰和无束腰，多用长短榫，案型家具则多用夹头榫。

2.3.2.2　条案的两种腿足结构——夹头榫与插肩榫

夹头榫的做法是在腿足上部开口（深榫槽），夹持住条案下的牙条和牙条下的牙头，超出牙条上部的榫头装入条案边框下底的榫眼。这种结构同时适用于方腿和圆腿。

夹头榫是案形结体家具最常用的榫卯结构。四足在顶端出榫，与案面的底面卯眼接合。腿足上端开口，嵌夹牙条牙头，故其外观腿足高出在牙头之上，如图 2.15 所示。这种结构四足把牙条夹住，连接成方框，上承案面，使案面和腿足的角度不易变动，并能很好地把案面的重量分布传递到四足上来，稳定牢固。夹头榫是从北宋发展起来的一种桌案的榫卯结构，实际是连接桌案的腿子、牙边和角牙的一组榫卯结构。把高桌的腿足造成有显著的侧脚来加强它的稳定性。制作时在案腿上端开口，嵌夹两段横木，将横木的两端或一端造成开口式样，继而将两断横木改成通长的一根，这样就成了夹头榫的牙条了，最后又在牙条之下加上了牙头。其优点在于加大了案腿上端与案面的接触面，增强了刚性结点，使案面和案腿的角度不易变动，同时又能把案面的承重均匀地传递至四条腿足上。

插肩榫也是案形结体使用的榫卯，外观和夹头榫不同，但在结构上差别不大。它的腿足上端也顶

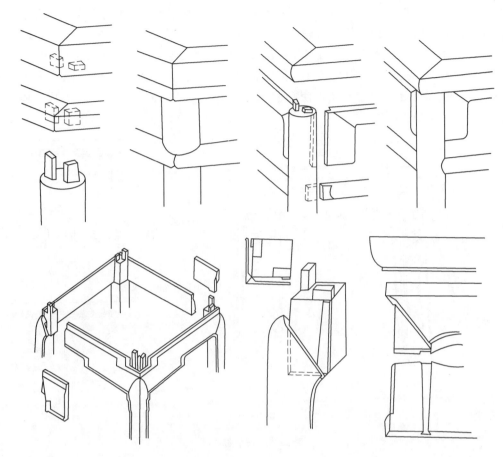

图 2.14　长短榫

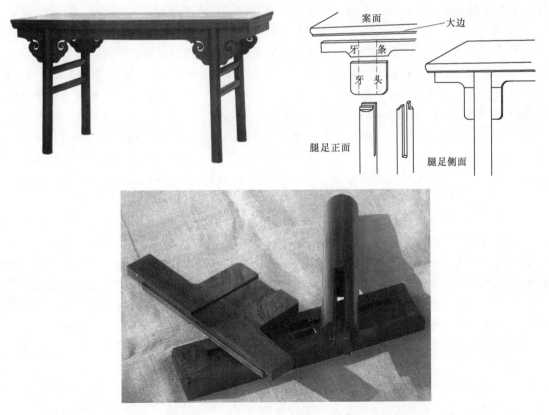

案面

大边

牙条

牙头

腿足正面

腿足侧面

图 2.15　夹头榫

端出榫和案面接合，上端也开口，嵌夹牙条，但腿足上端外皮削平出斜肩，牙条与腿足相交处剔出槽口，当牙条与腿足拍合时又将腿足的斜肩嵌夹起来，形成平齐的表面，故与夹头榫不同，如图 2.16 所示。插肩榫的牙条在受重量下压时，可与腿足的斜肩咬合得更紧，这是与夹头榫有所不同的地方。这种造法由于腿足开口嵌夹牙条，而牙条又剔槽嵌夹腿足，使牙条和腿足扣合得很紧，而且案面压下来的分量越大，牙条和腿足扣合得越紧，使它们朝前后、左右的方向上都错动，形成稳固合理的结构。插肩榫是案形结构的主要造法之一。

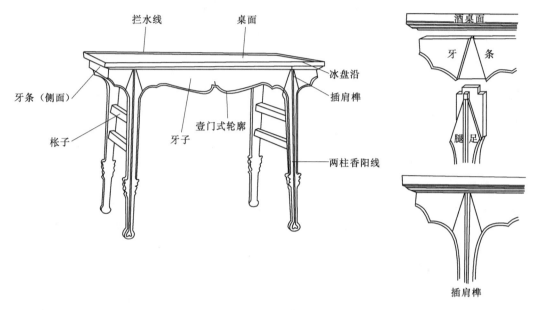

图 2.16　插肩榫

2.3.2.3　腿足和束腰、牙条、面板的接合

传统家具的腿足和束腰、牙条、面板的接合主要有以下几种接合方式。

1. 抱肩榫

抱肩榫，顾名思义，其外形酷似抱肩，腿足将牙条与束腰以抱肩的形式连接，广泛应用在有束腰的各种家具上。腿足上端开有长、短两个榫头，长榫插入面板下大边的榫眼；短榫插入抹头的榫眼，它必须短，以便让大边的榫头从上面穿过。在束腰部位以下，切出 45°的斜肩，开凿三角形榫眼，以便与牙条的 45°的斜肩及三角形的榫头配合，如图 2.17 所示。

抱肩榫是有束腰家具的腿和束腰、牙条相接合时使用的榫卯。有束腰的方桌、条桌、方几、长条几多采用。斜肩上或留或后装上上窄下宽的燕尾挂销，与开在牙条背面的槽口套挂，有些挂销可使牙条和束腰结实、服帖地和腿足结合在一起。注意挂销上口要向内稍许倾斜，这样牙条装上去越拉越紧，反之则会离缝。既左右拉不开，又前后不脱离，这是抱肩榫的标准做法。

遗憾的是，如今真正遵循此做法的抱肩榫已是凤毛麟角了，一些家具厂家在传统的基础上做足了"减法"：腿足与牙条上的木槽省略了，牙条上的榫头不做了，腿足内侧的榫眼也没有了，只是在牙条与腿足的上端通过机械插销，同时用胶黏合，既节省材料，也节约时间，简化了工序。消费者从外在看没有丝毫变化，但是使用木胶，一旦胶制品的功能失效，家具容易松动。同时在提拉时容易造成木销的折断，家具的整个框架也随之散开。如此一来不仅没有做出原汁原味的抱肩榫，也大大降低了家具的稳固性，家具的收藏价值与实用性便大打折扣，更有损中式家具"千年牢"的美誉。

牙条和在它之上的束腰，有的是用两木分做的，有的是一木连做的。前者叫"两上"，或"真两上"，即须两次才能安上之意；后者叫"假两上"，言其貌似"两上"，而实为一上。

不少家具牙条和束腰之间还多一层托腮，三者或用三木分做，或用两木分做（牙条与托腮为一木，束腰为一木），乃至一木连做。凡是用三木分做的，叫"三上"或"真三上"，用两木分做或一木连做的，叫"假三上"。

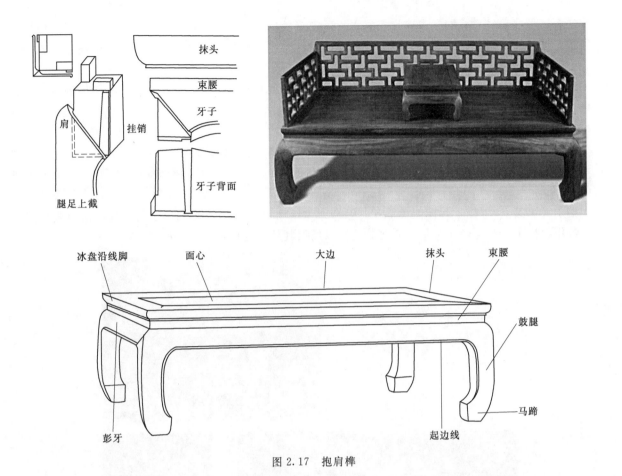

图 2.17　抱肩榫

经观察实物，假两上、假三上优于真两上或真三上，因为免去长条的拼缝，坚实耐用。真两上、真三上即使有裁榫居中联结，也难免开胶而闪错。但假两上、假三上用料要费得多，所以是合理而考究的做法。"真两上""真三上"至清中期以后而大为流行，这只能说明它既要追求形式，又舍不得用料。清式劣于明式，亦于此可见。

有束腰的圆形家具如圆凳、三足或五足香几等，造型虽改观，其结构还是和方形的有束腰家具基本相同。

高束腰结构腿足上部的抱肩榫、顶端的长短榫，造法和一般有束腰结构相同，惟两榫之间的距离加长，出现了一根短柱，并开槽口，以备嵌装束腰两端的榫舌，如图 2.18 所示。束腰的上边嵌装在边抹底面的槽口之内，下边则嵌装在牙条上边的槽口内。如束腰下还有托腮，则嵌装在托腮的槽口内。凡造此式，由于束腰高了，所以它不可能与牙条一木连做，而且束腰、牙条之间往往还加一层肥厚的托腮。拍合后，束腰的外皮或与腿足在肩部以上露的一段平齐，或更缩进一些，使这段腿足高出

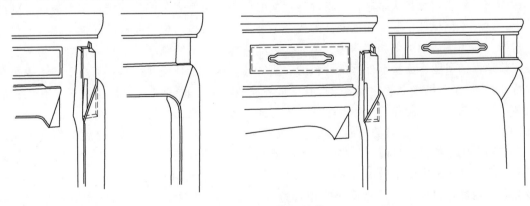

图 2.18　高束腰结构

束腰之上，形成短柱。有的在边抹与托腮之间还安短柱（矮老），将束腰分隔成段，形成了一块块的绦环板。这样它的造型和唐宋时的须弥座非常相似，而与一般有束腰家具腿足上截完全被束腰遮没的外观截然不同。

束腰与腿足上截平齐的造法见高束腰条桌实例。腿足上截高出，加短柱分段装绦环板的造法，在炕桌、方桌、条桌中都能找到实例。

2. "粽子"榫结构

"粽子"榫是在抱肩榫的基础上演变而来的，但腿足与大边和抹头也是45°斜接，从三个方向都能看到45°的斜接合线，并相交于角顶端。由于采用粽角榫的家具每个角的两面都用45°格角，其三面的六个45°角综合到一点，由于形状像"粽子"，所以叫"粽子"榫，如图2.19所示。运用在桌子、书架、柜子等家具上，"粽子"榫美观整齐，但榫卯过于集中在一起，又无牙条与横撑，所以强度差一些。若用料少了，难免影响坚实。应增加横撑以加强其结构的稳定性与强度。

图2.19 "粽子"榫

"粽子"榫接合结构是在几、案类家具中常用的结构。面板部件的框架用斜肩直角榫接合，直角榫有明榫也有用暗榫。面板拼板四周开有榫舌，榫舌插入框架的榫槽内。腿用一长一短两个直角榫与面板部件连接，短直角榫是为了避让面板部件框架的榫头。两个直角榫分别接合到面板部件的两个框架零件上，这样不但保证了腿与面板部件的接合强度而且有效地约束了面板部件框架接合的松动。腿上两直角榫三面为平肩，外侧相邻两边为斜肩，装配后榫头完全隐藏。外表只能看到空间汇交的三条接缝，完整地保留了腿、面板部件框架材料的表面纹理，接点十分美观。明式家具中的不少接合都具有这种特征。"粽子"榫接合的美妙绝伦得到了世界家具界人士的赞誉。但是至今尚未有机器能将它加工出来，只能依赖手工制作，生产效率低，值得深入研究，改良结构。

"粽子"榫卯结构藏在家具的里面，做好后从外面看不出它的内部结构，这就给生产企业选择不同的工艺方法提供了机会。目前，一些厂家为了节约生产成本，将"粽子"榫进行"改良"，原本腿足上应凿出两个榫头却省略不做，只是在与板面衔接的腿足上端两侧削出榫肩，然后用胶粘在一起。从外形看似棕角榫，但是由于没有榫卯的扣合力，完全依靠胶的外力，拖拉时很容易导致家具的散架，家具的牢固程度降低。

3. "霸王" 枨结构

"霸王" 枨："霸王" 枨是形容这种结构坚实有力。桌子四足之间不用构件连接，而设法把腿足和桌面连接起来，这样不会有枨（桌面下的横档）碍腿而能将桌面的承重直接分递到腿足上来这一结构部件称"霸王" 枨。"霸王" 枨的上端托着桌面的穿带，用销钉固定，下端撑在腿足的中部靠上的位置，使用扣榫。桌子下端的榫头向上勾，做成鱼尾扣。腿足上的榫眼下大上小而且向下扣。榫头从榫眼下部的大处插入，向上一推，便勾挂住了，如图2.20所示。下面的空隙再垫木塞，枨子就被关住，拔不出来了。枨名"霸王"，因其有很大的撑托之劲，寓有举臂擎天之意。

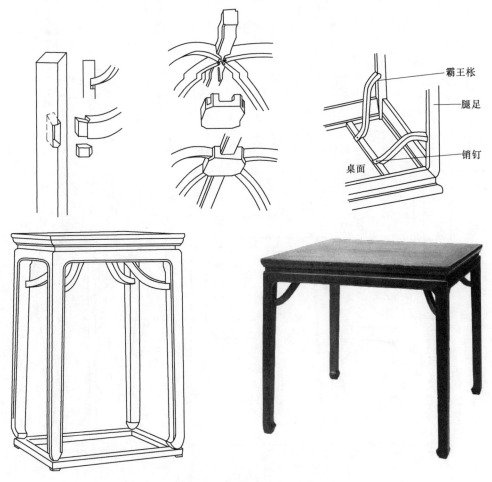

图2.20 "霸王" 枨结构

2.3.2.4 椅子腿与牙条、椅盘（座面板）的接合

明式靠背椅中，后腿多穿过椅盘的透孔而形成靠背的支柱，扶手椅则前腿也穿过椅盘形成扶手的支柱。在椅盘之下则用榫卯与牙条或横撑相连，如图2.21所示。前腿也有不穿过椅盘的，但不如前者牢固。

2.3.3 家具腿足和下部的接合

1. 矩形家具与矩形托泥接合

"托泥"是安装在家具足底，贴靠地面的一个矩形构件。矩形托泥由四根方材构成，做法与桌椅面边框相同。足端开榫头与托泥四角相接合。足端与托泥也可以用插入方榫相接合。托泥四角还有小足（垫块），使真正落地的不是托泥，而是小足，如图2.22所示。

2. 圆形家具与圆托泥接合

圆凳或圆足下常有托泥，圆形托泥的制作常用图2.23所示的曲线零件对接方法，用楔形榫加固。足下开榫与托泥接合处要避开圆形托泥自身的接头。

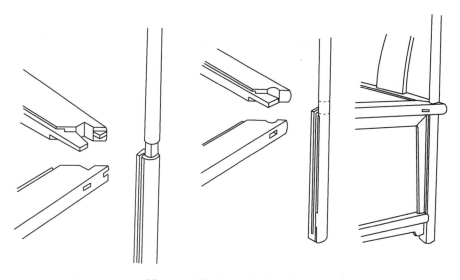

图 2.21　椅子腿与座面板的接合

图 2.22　矩形家具与矩形托泥接合

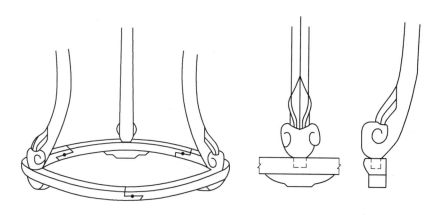

图 2.23　圆形家具与圆托泥接合

3. 条案腿足与托子的接合

托子就是安在条案足底的横木，每边一根，每根托住前后两足，足端与托子用双榫接合。托子上方与面板之下常用透雕或实木镶板嵌装。安装托子的目的是为了便于更换。托子两端略有突出，使局部落地，可以防止托子受潮和增加放置的平稳性，如图 2.24 所示。托子受潮腐变时，可换新的托子，以避免足端的损坏。

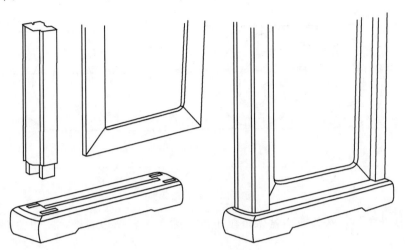

图 2.24　条案腿足与托子的接合

2.3.4　其他结构形式

1. 立柱与墩座的接合

凡是占平面面积不大，体高而又要求它站立不倒的家具或家具装饰品，多采用厚木作墩座，上面凿眼植立木，前后或四面用站牙来抵夹的结构。实物如座屏风、衣架、灯台等，如图 2.25 所示。明代及清代前期墩座常用的抱鼓，为的是在站牙之外又有高起而且有重量的构件，挡住站牙，加强它的抵夹力量。

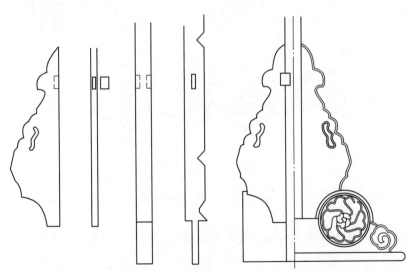

图 2.25　立柱与墩座的接合

2. 栽榫和穿销

在构件本身上留做榫头，因曾受木材性能的限制，只能在木纹纵直的一端做榫，横纹一触即断，故不能做榫，这是木工常识。如果两个构件需要连接，由于木纹的关系，无法造榫，只有另取木材造榫，用"栽榫"或"穿销"的办法将它们连接起来，即栽榫，亦叫桩头。

明式家具中使用栽榫的情况有如下几种。

（1）厚板拼合，在拼口内栽榫、凿眼黏合。

（2）某些翘头几案或闷心橱的翘头，用栽榫与抹头结合。

（3）某些卡子花，如双套环，用栽榫与上下构件接合，如图 2.26 所示。

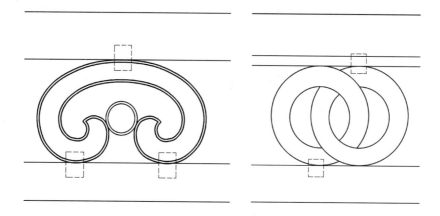

图 2.26　卡子花栽榫

（4）桌几的搜花角牙，衣架或面盆架搭脑下的卦牙等，多一边栽榫，一边留榫与相邻的构件接合，如图 2.27 所示。

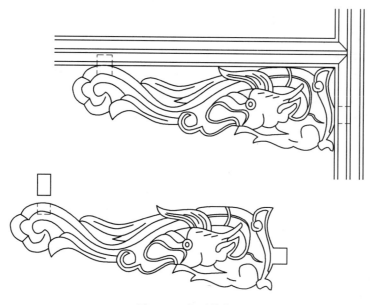

图 2.27　角牙栽榫

（5）床围子、透阁橱上的各种用攒接门籅的方法造成的图案装饰，如四籅云纹、十字套方等，常用栽榫加以组合。

（6）桌案牙条的上皮，裹腿做或一腿三牙式桌面垛边的上皮，有的用栽榫与边抹的底面连接，如图 2.28 所示。

（7）官皮箱两帮和后背的下缘，用栽榫与下面的底座接合。

（8）走马销：是栽榫的一种，就是用另外一块木板做成榫头栽到构件上去，而不是就构件本身做成的榫头。它一般安装在可拆卸的两个部件之间。其做法是榫销下大上小，榫眼的开口是半边大半边小。榫销从榫眼开口大的半边插入，推向开口小的半边，就扣紧销牢了。如要拆卸，还必须退回到开口大的半边才能拔出，如图 2.29 所示。它和霸王枨有相似处，只是不用垫塞木榫而已。走马销一般用在暗处的夹缝中，明处看不见。罗汉床围子与围子之间及侧面围子与床身之间，多用走马销。南方工匠师称之为"扎榫"，它一般用在可拆拆的两个构件之间，榫卯在拍合后推一下栽有走马销的构件，

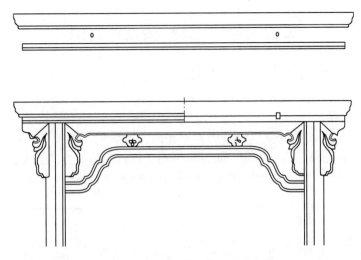

图 2.28　一腿三牙式桌面垛边栽榫

它能就位并销牢；拆卸时又必须把它退回来，方能拔榫出眼，把两个构件分开。因此有"走马"之名。而"扎榫"则寓意扎牢难脱之意。它的构造是榫子下头大、上头小，榫眼的开口半边大、半边小。榫子由榫眼开口大的半边纳入，推向开口小的半边，这样就扣紧销牢了。若要拆卸，还须退到开口的半边方能拔出。在明式家具和家具摆设品中，翘头案的活翘头与抹头的接合，罗汉床围子与床身边抹的接合，屏风式罗汉床围子扇与扇之间的接合，屏风式宝座靠背与扶手的接合等，都常用走马销。

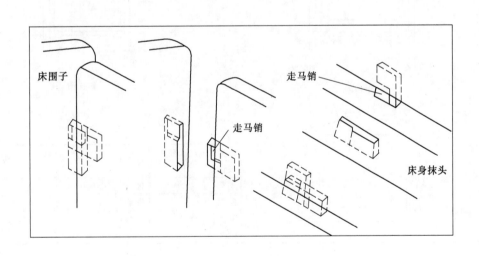

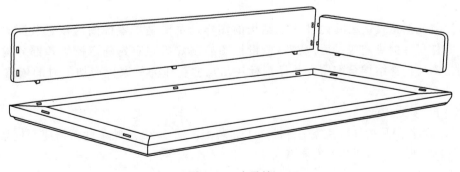

图 2.29　走马销

2.4 传统家具结构设计实例

本节以相对简单的圈椅设计为例，简要阐述其结构设计流程。大致流程：设计图→结构装配图→局部结构图。

1. 设计图

根据设计方案先绘制出圈椅的家具设计图：设计图主要表明了圈椅的外部轮廓、大小、造型形态；表明了各零件部件的形状、位置和组合关系；表明了圈椅的功能要求、表面分割、内部划分等内容，如图2.30所示。

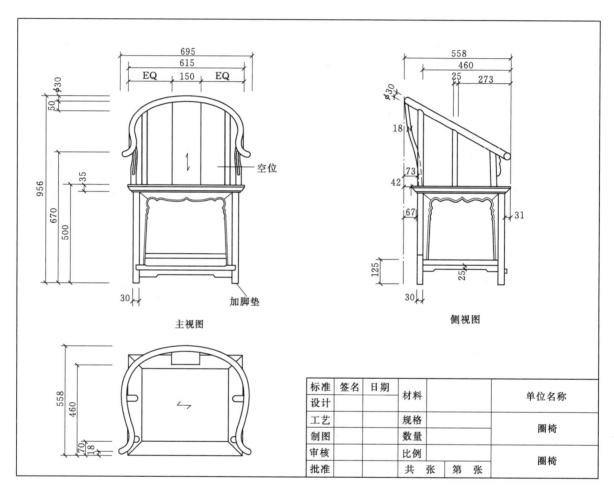

图 2.30 圈椅设计图

2. 装配图

家具结构装配图是表达家具内外详细结构的图样，主要是指零件间的接合装配方式，一般零件的选料、零件尺寸的决定等。因此在圈椅设计图绘制好后，应先确定椅子各部分构件的连接方式，再绘制出圈椅内部结构装配图，并详细标注出尺寸，作为厂家生产加工时的依据，如图2.31所示。

3. 局部详图

局部详图主要作用是指导圈椅零部件的加工和装配。图2.32反映了此圈椅座面框架部件的接合方式及座框的断面形状，可供生产时参考。

4. 实物图

根据以上设计图、结构装配图、局部详图制作出来的实物如图2.33所示。

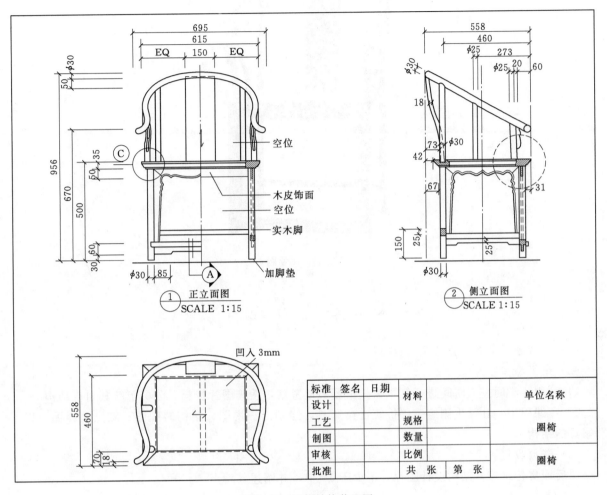

图 2.31　圈椅结构装配图

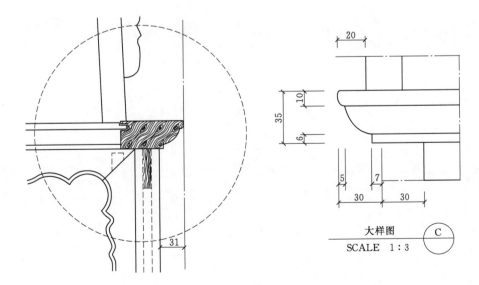

图 2.32　局部详图

图 2.33 实物图

课 后 思 考 与 练 习

（1）传统家具的接合方式主要有哪些？

（2）市场考察。

1）利用4学时左右时间进行红木家具市场实地考察，搜集图片资料，分析了解其内在结构。

2）在课程中，让学生测绘一件传统古典家具，绘制出三视图、结构装配图、结点大样图，以了解家具的结构。

（3）资料收集。

课后搜集传统家具结构设计图片，不少于 10 个，并阐述其特点。

现代实木家具结构设计

3.1 现代实木家具结构设计概述

木材不仅拥有独特美丽的自然纹理，温暖的质感与色彩，并且易于加工、造型与雕刻，所以在众多家具种类中，木家具的使用最为广泛，是古今中外家具制作的首选材料。

在 GB/T 3324—2008《木家具通用技术条件》中，实木类家具的定义为：以实木锯材或实木板材为基材制作的、表面经涂饰处理的家具；或在此类基材上采用实木单板式薄木（木皮）贴面后再进行涂饰处理的家具，包括全实木家具、实木家具、实木贴面家具 3 类。

本书所指现代实木家具的概念是以天然实木与再生实木（指接材、集成材等木材通过二次加工形成的实木类材料）为基材的部件，通过传统的榫卯结构，并结合现代各种连接件组装而成的一种新型家具。其概念应该是构成现代实木家具的部件，既可全拆装（KD）又可整装，灵活方便，从而节约了运输及仓储成本。现代实木家具相比传统实木家具，工艺简单，操作岗位固定，适合机械化、半机械化生产，经济效益高。现代实木家具在传统文化的前提下，又融合了现代时尚的元素，给家具增添了新的设计内涵，其与现代化的工业生产方式密切相关，更加适合现代人的审美与生活方式。

3.2 现代实木家具的常见接合方式

传统的榫卯接合方式仍然是现代实木家具中运用比较普遍的结构形式，材料的因素在这种形式中起到了一个重要的决定作用。然而在如今工业化的时代，实木家具的接合方式呈现了新的发展趋势——五金连接件渐渐从板式家具中引用过来，它的应用使得现代实木家具形式变得更多样化。归纳起来，现代实木家具的接合方法主要有榫接合、钉与木螺钉接合、连接件接合、胶接合等。

3.2.1 榫接合

榫接合是将两个或两个以上的木质构件通过采用凸对凹即榫头对榫眼，彼此镶入嵌套的方法紧密连接，进行固定的接合方式。榫接合作为中国传统家具的接合方式在现代家具制造中仍具有相当多的应用，其接合强度高、稳定性好、经久耐用且外表美观。现代实木家具榫接合中有整体式榫接合与分体式榫接合之分。整体式榫接合是指榫头与零件成一整体，而分体式榫接合是指榫头与零件不成一整体，它是单独加工后再装入方材预制孔中。现代家具生产中，榫接合一般借助胶黏剂提高接合强度，因此通常应用于无须拆卸部位的接合。

3.2.1.1　整体式榫接合

　　整体式榫接合按榫头的形状可分为直角榫、椭圆榫、燕尾榫、U 形榫、指形榫（或称齿形榫）等，如图 3.1 所示。

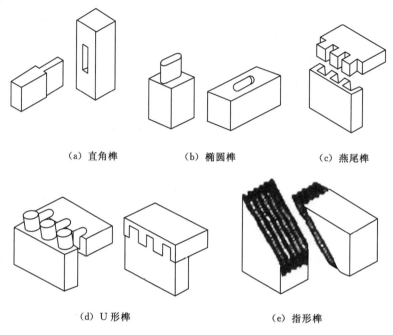

(a) 直角榫　　　　　　(b) 椭圆榫　　　　　　(c) 燕尾榫

(d) U 形榫　　　　　　　　　(e) 指形榫

图 3.1　整体式榫接合的种类

1. 直角榫接合

　　凡是榫肩面与榫颊面互相垂直或基本垂直的都属于直角榫。其接合牢固可靠，加工难度相对较低，是应用最广的榫接合形式，木家具结构中的各种框架接合大都采用直角榫。直角榫接合由榫头与榫眼组成。榫头由榫端、榫颊、榫肩组成。榫眼有闭口榫眼和开口榫眼两种，闭口榫眼习惯上就称榫眼，开口榫眼习惯上称榫槽，如图 3.2 所示。

　　根据榫头与榫眼的接合状态，榫接合又有多种形式。

　　按榫头是否贯通，榫接合可分为明榫、暗榫。装配后，榫端露于方材表面的贯通榫称为明榫；不露榫端的不贯通榫称为暗榫，对表面装饰质量要求高的家具产品可用不贯通榫，如图 3.3 所示。

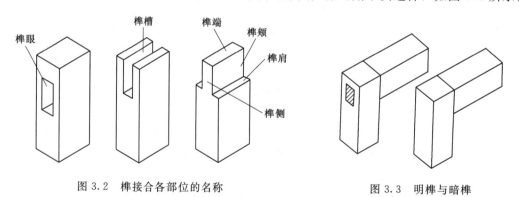

图 3.2　榫接合各部位的名称　　　　　　图 3.3　明榫与暗榫

　　按接合后能否看到榫头侧面可分为开口榫、闭口榫、半闭口榫（或半开口榫），如图 3.4 所示。榫头侧面不暴露在外表的接合称为闭口榫接合 ［图 3.4（a）］；榫头一个侧面暴露在外表的接合称为开口榫接合 ［图 3.4（b）］；仅有榫头一个侧面的某些部分暴露在外表的接合称为半闭口榫接合，或称半开口榫接合 ［图 3.4（c）］。

　　按榫头的数量可分为单榫、双榫和多榫，如图 3.5 所示。

　　按榫肩切割形式可分为单肩榫、双肩榫、三肩榫、四肩榫、夹口榫和斜肩榫，如图 3.6 所示。

家具的损坏经常出现在接合部位，为了确保直角榫接合的强度，应遵循下列技术要求。

（1）榫头的长度方向应与方材零件的纤维方向基本一致，如确实因接合要求倾斜时，倾斜角度最好不大于45°；榫眼应开在纵向木纹上（弦或径切面）。榫头的长度是根据接合方式来确定的，采用贯通榫时，榫头长度应等于接合零件宽度或厚度；采用不贯通榫时，榫的长度应不小于榫眼零件宽度或厚度的一半，一般榫头长度控制在15～30mm时，可获得较为理想的接合强度，榫眼深度应比榫头长度大2～3mm。

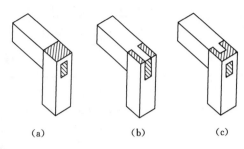

图3.4 闭口榫、开口榫与半闭口榫

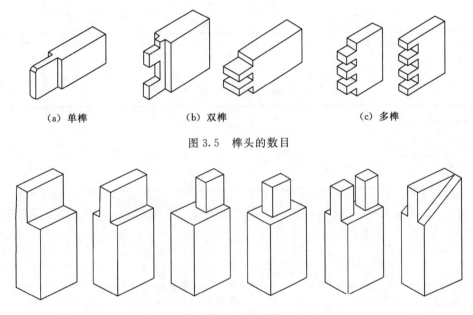

（a）单榫　　　　　（b）双榫　　　　　（c）多榫

图3.5 榫头的数目

图3.6 榫头的截肩

（2）榫头厚度通常约为方材零件断面边长（与榫头厚度方向相一致的边）的0.3～0.6倍；软材质取大值，硬材质可取小值；榫头的厚度比榫眼宽度小0.1～0.2mm，便于形成胶层，抗拉强度最大，否则容易使榫眼顺木纹方向劈裂，影响接合强度。为了使榫头易于进入榫眼，常将榫端的两边或四边削成30°斜棱。

（3）榫头宽度通常约为方材零件断面边长（与榫头宽度方向相一致的边）的0.5～1倍。一般比榫眼长度大0.5～1.0mm，硬材取0.5mm，软材取1mm为宜。

（4）当榫接合零件断面尺寸超过40mm×40mm时，应采用双榫或多榫接合，以便提高榫接合强度。直角榫的榫头数目及榫头尺寸参见表3.1和表3.2。

除上述直角榫外，还有一种椭圆榫，属于特殊的直角榫，它与普通直角榫的区别在于其两侧都为半圆柱面，榫孔两端也与之同形，如图3.7所示。椭圆榫克服了直角榫接合的榫眼加工生产效率低、劳动强度较大、榫眼壁表面粗糙等缺陷，在框架类现代实木家具中被广泛采用。榫圆榫接合的尺寸与技术基本与直角榫相同，但椭圆榫仅可设单榫，无双榫或多榫，另外，椭圆榫两榫侧及两榫孔端均为半圆柱面，榫宽通常与榫头零件宽度相同或略小。

2. 燕尾榫接合

燕尾榫榫头呈梯形或半圆锥形，端部大而根部小，多数用于抽屉等箱框的接合，燕尾榫的种类及详细几何参数见表3.3。

3. 指形榫接合

其形状类似于指形，主要用于短料接长，如方材及板件接长、曲线零件的拼接等，也用于角部的接合。其榫头与榫槽也可一次铣削加工，接合强度一般可达到整料强度的 70%～80%。装配时齿间涂胶，纵向加压挤紧，侧向轻压防拱。

表 3.1　　　　　　　　　　　　　　　　直角榫的榫头数目

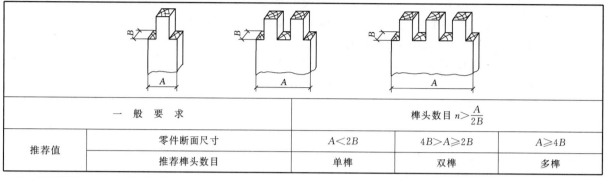

一般要求		榫头数目 $n>\dfrac{A}{2B}$		
推荐值	零件断面尺寸	$A<2B$	$4B>A\geqslant 2B$	$A\geqslant 4B$
	推荐榫头数目	单榫	双榫	多榫

注　遇下列情况之一时，需增加榫头数目：①要求提高接合强度；②按表中确定数目的榫头厚度尺寸太大。一般榫厚以 9.5mm 为适度，以 15.9mm 为极限。

表 3.2　　　　　　　　　　　　　　　　直角榫的榫头尺寸

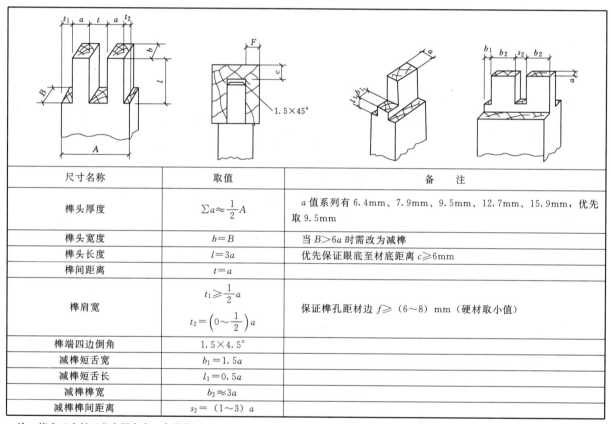

尺寸名称	取值	备注
榫头厚度	$\sum a\approx\dfrac{1}{2}A$	a 值系列有 6.4mm、7.9mm、9.5mm、12.7mm、15.9mm，优先取 9.5mm
榫头宽度	$b=B$	当 $B>6a$ 时需改为减榫
榫头长度	$l=3a$	优先保证眼底至材底距离 $c\geqslant 6$mm
榫间距离	$t=a$	
榫肩宽	$t_1\geqslant\dfrac{1}{2}a$ $t_2=\left(0\sim\dfrac{1}{2}\right)a$	保证榫孔距材边 $f\geqslant$（6～8）mm（硬材取小值）
榫端四边倒角	$1.5\times 4.5°$	
减榫短舌宽	$b_1=1.5a$	
减榫短舌长	$l_1=0.5a$	
减榫榫宽	$b_2\approx 3a$	
减榫榫间距离	$s_2=$（1～3）a	

注　摘自《木材工业实用大全·家具卷》。

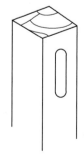 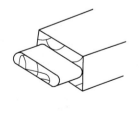

图 3.7　椭圆榫

表 3.3　　　　　　　　　　　　　　　　　燕尾榫接合的种类与尺寸

种　类	图　形	尺　寸
燕尾单榫		斜角 $\alpha=8°\sim12°$ 零件尺寸 A 榫根尺寸 $a=\dfrac{1}{3}A$
马牙单榫		斜角 $\alpha=8°\sim12°$ 零件尺寸 A 榫底尺寸 $a=\dfrac{1}{2}A$
明燕尾多榫		斜角 $\alpha=8°\sim12°$ 板厚 B 榫中腰宽 $a\approx B$ 边榫中腰宽 $a_1=\dfrac{2}{3}a$ 榫距 $t=(2\sim2.5)a$
全隐半隐燕尾多榫		斜角 $\alpha=8°\sim12°$ 板厚 B 留皮厚 $b=\dfrac{1}{4}B$ 榫中腰宽 $a\approx\dfrac{3}{4}B$ 边榫中腰宽 $a_1=\dfrac{2}{3}a$ 榫距 $t=(2\sim2.5)a$

注　摘自《木材工业实用大全・家具卷》。

　　不同零件接合其榫头数量也可不同，增加榫头数量就会增加接合面积，从而提高连接强度。指形榫接合的详细几何参数见表 3.4。

3.2.1.2　分体式榫接合

　　分体式榫有圆棒榫（简称圆榫）、椭圆形榫、三角形榫、矩形榫、L 形榫、饼形榫等，如图 3.8 所示。

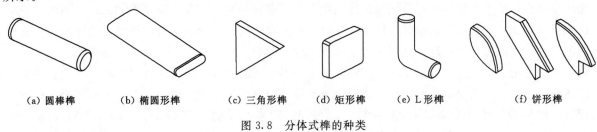

（a）圆棒榫　　　（b）椭圆形榫　　　（c）三角形榫　　　（d）矩形榫　　　（e）L 形榫　　　（f）饼形榫

图 3.8　分体式榫的种类

表 3.4　　　　　　　　　　　指形榫的接合尺寸与技术

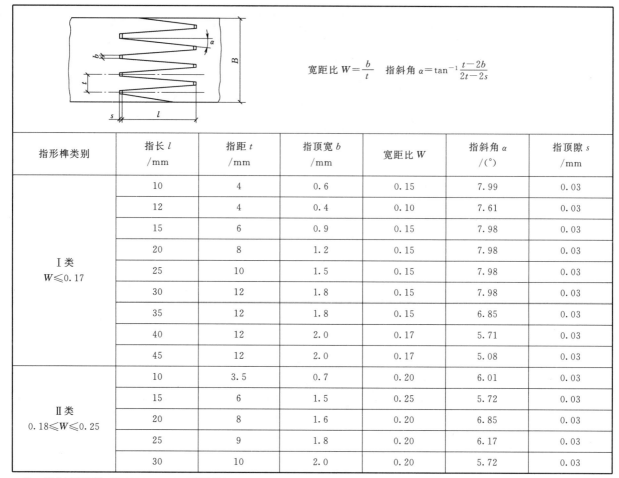

$$宽距比\ W=\frac{b}{t}\quad 指斜角\ \alpha=\tan^{-1}\frac{t-2b}{2t-2s}$$

指形榫类别	指长 l /mm	指距 t /mm	指顶宽 b /mm	宽距比 W	指斜角 α /(°)	指顶隙 s /mm
I 类 $W\leqslant 0.17$	10	4	0.6	0.15	7.99	0.03
	12	4	0.4	0.10	7.61	0.03
	15	6	0.9	0.15	7.98	0.03
	20	8	1.2	0.15	7.98	0.03
	25	10	1.5	0.15	7.98	0.03
	30	12	1.8	0.15	7.98	0.03
	35	12	1.8	0.15	6.85	0.03
	40	12	2.0	0.17	5.71	0.03
	45	12	2.0	0.17	5.08	0.03
II 类 $0.18\leqslant W\leqslant 0.25$	10	3.5	0.7	0.20	6.01	0.03
	15	6	1.5	0.25	5.72	0.03
	20	8	1.6	0.20	6.85	0.03
	25	9	1.8	0.20	6.17	0.03
	30	10	2.0	0.20	5.72	0.03

注　摘自国家标准 GB 11954—1989《指接材》。

1. 圆榫接合

圆榫是较为常见的分体式榫，在实际使用中有两种作用，一种是定位作用，一种是固定作用。用作定位时，一般与家具偏心连接件配合使用，圆榫的主要作用是定位，家具偏心连接件起固定作用。用作固定接合时，在使用前，要对需连接的工件的相应位置双向打孔，然后在孔内或者圆棒榫上涂布胶水，将圆榫敲入孔内，并对工件进行加压，待胶水固化，即完成连接。为防止零件转动，通常至少用两个圆榫，较长的接合边可用多个圆榫连接，榫间距一般建议为 32mm 或 32mm 的整数倍。

圆榫应选用密度大、纹理通直细密、材质较硬、有韧性、无节无朽、无虫蛀等缺陷的木材制成，如柞木、水曲柳、青冈栎、桦木等。另外，制作圆榫的木材应进行干燥处理，其含水率比被连接件低 2%~3%，通常小于 7%，以便施胶后圆榫吸水膨胀而增加接合强度。为防止含水率的变化，圆榫制成后用塑料袋密封保存。圆榫表面设沟槽，以便装配时圆榫带胶入孔。圆榫的表面形状有光滑、直纹、网纹、螺旋纹等，如图 3.9 所示，目前市场上最常用的是直纹、螺旋纹圆榫。

圆榫接合时，可以一面涂胶也可以两面（榫头和榫眼）涂胶，其中两面涂胶接合强度高。如果一面涂胶应涂在榫头上，使榫头充分润胀以提高接合力。圆榫两端应倒角，以便于装配；表面沟纹最好用压缩方法制造，施胶接合后能够很快膨胀，使其更加紧密接合，比铣削沟槽优越。圆榫与圆孔长度方向的配合应为间隙配合，即圆孔深度大于圆榫长度，间隙大小为 0.5~1.5mm。圆榫与圆孔的径向配合应为过盈配合，过盈量为 0.1~0.2mm。当圆榫用于固定接合（非拼装结构）时，采用有槽圆榫的过盈配合，并且一般应双端涂胶；当圆榫用于定位接合（拆装结构）时，采用光面或直槽圆榫的间隙配合，并单端涂胶，通常与其他连接件一起使用。圆榫直径规格有 4mm、6mm、8mm、10mm、12mm、14mm、16mm 7 种，其中最常用的规格是 6mm、8mm、10mm。圆榫长度一般为直径的 3~

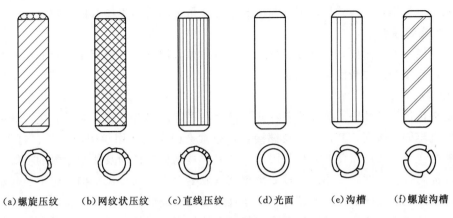

| (a)螺旋压纹 | (b)网纹状压纹 | (c)直线压纹 | (d)光面 | (e)沟槽 | (f)螺旋沟槽 |

图 3.9　圆榫的形状

4 倍，常用的规格有 30mm、32mm、35mm、40mm 4 种。圆榫直径与长度的选用应考虑被连接零件的厚度、接合部位的强度要求、同一接合部位的圆榫数等因素。圆榫尺寸选用参考表 3.5。

表 3.5　　　　　　　　　　　　　　圆榫的接合尺寸

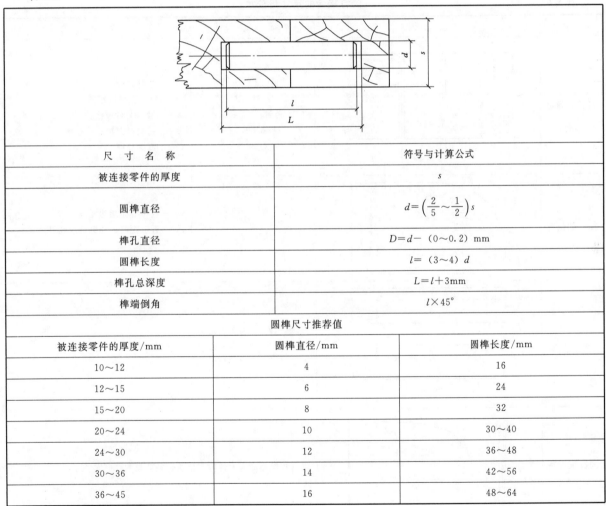

尺 寸 名 称	符号与计算公式
被连接零件的厚度	s
圆榫直径	$d=\left(\dfrac{2}{5}\sim\dfrac{1}{2}\right)s$
榫孔直径	$D=d-(0\sim0.2)$ mm
圆榫长度	$l=(3\sim4)d$
榫孔总深度	$L=l+3$mm
榫端倒角	$l\times45°$

圆榫尺寸推荐值		
被连接零件的厚度/mm	圆榫直径/mm	圆榫长度/mm
10～12	4	16
12～15	6	24
15～20	8	32
20～24	10	30～40
24～30	12	36～48
30～36	14	42～56
36～45	16	48～64

　　注　摘自《木材工业实用大全·家具卷》。

2. 椭圆形榫接合

　　椭圆形榫接合的强度要比圆榫的高，不会像圆榫那样容易转动。根据被连接零件断面尺寸和形状、接合部位的强度要求等情况，分体式椭圆形榫可单数使用也可以复数使用。零件的端面（开有榫孔的端面）能成曲面，克服了整体式椭圆形榫接合只能单榫且榫肩仅可平面的缺陷。分体式椭圆形榫的尺寸目前无统一标准，分体式椭圆形榫与榫孔的配合可参考直角榫接合的要求。

3.2.2 钉与木螺钉接合

钉与木螺钉接合使用简便，但强度较低、美观度较差，因此，一般用于连接非承重结构和受力不大的承重结构，且接合部位较隐秘的场合。

1. 钉接合

钉接合是直接运用各种钉子将家具各零部件接合在一起的接合方式，它具有生产效率高、加工容易的优点，但就牢固性而言，其往往不及榫接合，通常会因家具使用年限的增长、钉子的反复拔启、材料热胀冷缩的变化、钉身氧化与老化等因素，造成家具结构的松动及使用年限的变短。钉接合常在接合面加胶以提高接合强度，可用来连接非承重结构或受力不大的承重结构，它主要起定位和紧固作用，常用于背板固定，抽屉滑道的安装等不外露且强度要求较低的部位。

通常情况下，此种接合方式的牢固度往往与钉身的长度和形状、钉本身的强度、钉子的直径密切相关，钉子的强度越高，其接合的强度就越高，钉子的长度与直径越大，表面凹凸的起伏越大，接合的强度也越高。常用的钉有圆钉、气钉两种。圆钉接合时容易破坏木材纤维，可预先钻一个导向孔，导向孔的直径约为圆钉直径的 0.7～0.8 倍。圆钉接合的尺寸与技术要求见表 3.6。

表 3.6　　　　　　　　　　　　　圆钉接合的尺寸与技术

项目	简图	规范	备注
钉长的确定		不透钉 $l=(2\sim3)A$ $e>2.5d$ 透钉 $l=A+B+C$ $C\geqslant4d$	l——钉长； d——圆钉直径； e——钉尖至材底距离； A——被钉紧件厚度； B——持钉件厚度； C——弯尖长度
加钉的位置		$s>10d$ $t>2d$	s——钉中心至板边距离； t——近钉距时的邻钉横纹错开距离； d——圆钉距离
加钉方向		方法（1）：垂直材面进钉； 方法（2）：交错倾斜进钉，钉倾斜 $\alpha=5°\sim15°$； 方法（3）：接合强度较高	
圆钉沉头法		将钉头砸扁冲入木件内，扁头长轴要与木纹同向	

注　摘自《木材工业实用大全·家具卷》。

2. 木螺钉接合

木螺钉是一种金属制带螺纹的连接件，是一种专门针对木头而设计的钉子，可借助于木螺钉的螺纹与木材之间的摩擦力将两个零件接合起来，是一种比较简单、方便的接合方式。其接合强度比圆钉接合高，可承受较大的震动。随钉头不同分圆头型、平头型、椭圆头形，钉头上又分有一字槽螺钉及十字槽螺钉两种，如图 3.10 所示。安装时使用旋具将其拧入工件内形成接合，需在横纹理方向拧入，纵向拧入接合强度低，避免采用。需要在木质安装件上进行预钻孔，否则很容易造成木材开裂。当工件太厚（如超过 20mm）时，常采用螺钉沉头法以避免螺钉太长或木螺钉外露。由于木材本身的纤维结构，用木螺钉接合时不能多次拆装，否则会破坏木材组织，影响制品强度。木螺钉接合一般用于强度要求不高，不便用榫接合或用榫接合太繁琐、接合部位较隐秘的场合，如桌面、椅凳面与框架的连接。木螺钉接合的尺寸与技术要求参见表 3.7。

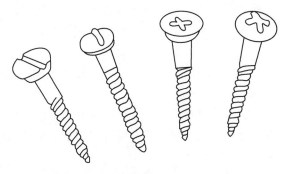

图 3.10　常用木螺钉的形式

表 3.7　　　　　　　　　木螺钉接合的尺寸与技术要求

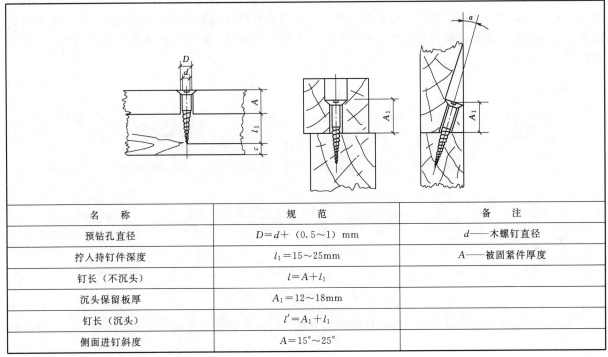

名　　称	规　　范	备　　注
预钻孔直径	$D=d+$（$0.5\sim1$）mm	d——木螺钉直径
拧入持钉件深度	$l_1=15\sim25$mm	A——被固紧件厚度
钉长（不沉头）	$l=A+l_1$	
沉头保留板厚	$A_1=12\sim18$mm	
钉长（沉头）	$l'=A_1+l_1$	
侧面进钉斜度	$A=15°\sim25°$	

注　摘自《木材工业实用大全·家具卷》。

3.2.3　连接件接合

连接件接合，就是利用特制的各种专用的连接件，将家具的零部件连接起来并装配成部件或产品的接合方法。这种接合用于需要拆装部位的连接，可以反复拆装而不影响家具的接合强度，它是可拆装家具必不可少的接合方式。采用连接件接合可以简化产品结构和生产工艺，能使板式部件直接组装成家具，有利于产品标准化、部件通用化，有利于家具实现机械化流水线生产，也给家具包装、运输、储存带来方便，从而能有效地降低家具的生产成本。连接件的种类很多，常用的有偏心连接件、圆柱螺母连接件、直角式倒刺螺母连接件等。

3.2.4　胶接合

胶接合是指用胶黏剂通过对零部件的接合面涂胶加压，待胶固化后形成不可拆的固定接合方式。由于近代新胶种的出现，家具结构的新发展，胶接合的应用越来越多。在实木家具中常用于短料接长、窄料拼宽、表面装饰材料的贴面等，均完全采用胶黏剂接合。胶接合还广泛用于其他接合方式的辅助接合，如钉接合、榫接合常需施胶加固。这种接合方式施工方便，对操作人员技术要求不高，劳动强度低，还可以做到小材大用、劣材优用、节约木材，同时保证结构稳定、提高产品质量和改善产品外观，因此，已广泛用于现代实木家具生产。

3.3 实木家具基本部件

实木家具由方材、拼板、木框和箱框4种基本部件构成，根据家具的类型及需要选配。基本部件本身有一定的构成方式，部件之间也需要适当的连接。

3.3.1 方材

宽度不足厚度3倍的矩形木材原料称方材。方材分为直形方材与弯曲方材两种。

实木家具结构中使用方材的设计要点如下：

（1）尽量采用整块实木加工。

（2）在原料尺寸比部件尺寸小或弯曲件的纤维被割断严重时，应改用短料接长。

（3）需加大方材断面时，可在厚度、宽度上采用平面胶合方式拼接。

（4）弯曲件接长方法如图3.11所示。各种方法在接合强度、美观性上各有特点，注意按需选择。比如，指接榫的强度最高，接合处也自然、美观，应用效果最好，但需要有专用刀具；斜接有指接榫的强度和美观效果而且比较容易加工，但接合处的木材损失较大。接合时还要注意恰当安排接合面的朝向，以尽量美观。

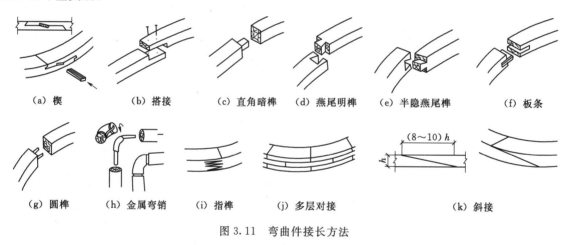

（a）楔　　（b）搭接　　（c）直角暗榫　　（d）燕尾明榫　　（e）半隐燕尾榫　　（f）板条

（g）圆榫　　（h）金属弯销　　（i）指榫　　（j）多层对接　　（k）斜接

图3.11　弯曲件接长方法

（5）直形方材的接长可采用与弯曲件同样的方法，但通常其受力较大，应优先采用指榫、斜接和多层对接。

（6）整体弯曲件除用实木锯制外，还可采用实木弯曲，这种弯曲件强度高而美观，应用效果比实木锯制和短料接长弯曲件都好。

3.3.2 拼板

将数块实木窄板的侧边按一定的方法拼接构成所需宽度的板件称为拼板，常用于实木台面、座面等。拼板构成的接合有多种形式，常见形式见表3.8。

实木家具结构设计中使用拼板的设计要点：

（1）拼板的常规厚度：桌面、屉面为16～25mm，厚桌面30～50mm，嵌板6～12mm，屉帮、屉堵10～15mm。

（2）平拼法是依靠与板面垂直或倾斜一定角度的平直侧边，通过胶黏剂胶合黏结而成。这种拼接方法加工简便、接缝严密，是常用的拼板方法，可优先选用。但接合强度较低，且在胶接过程中，窄板的板面不易对齐，使拼板表面易产生凹凸不平现象，需适量增大拼板的加工余量。

（3）企口拼、搭口拼、穿条拼、插入榫饼、明螺钉拼多用于厚板或长板的拼接。这些接合方法若与胶黏剂并用，可提高接合强度。

表 3.8　　　　　　　　　　　　　　　拼 板 方 式 及 特 点

方　式	结　构　简　图	备　注
平拼		
企口拼		$b=\dfrac{1}{3}B$ $a=1\dfrac{1}{2}b$ $A=a+2mm$
搭口拼		$b=\dfrac{1}{2}B$ $a=1\dfrac{1}{2}b$
穿条拼		$b=\dfrac{1}{3}B$ （用胶合板条时可更薄） $a=B$ $A=a+3mm$
插入榫拼		$d=\left(\dfrac{2}{5}\sim\dfrac{1}{2}\right)B$ $l=(3\sim4)\,d$ $L=l+3m$ $t=150\sim250mm$
明螺钉拼		$l=32\sim38mm$ $l_1=15mm$ $\alpha=15°$ $t=150\sim250mm$
暗螺钉拼		$D=d_1+2mm$ $b=d_2+1mm$ $l=15mm$ $t=150\sim250mm$ d_1——螺钉头直径 d_2——螺钉杆直径

注　摘自《木材工业实用大全·家具卷》。

（4）暗螺钉拼是在相拼的一个侧边开出钥匙孔状深孔，在另一侧边拧上螺钉。装配时将螺钉从圆孔处垂直套入，再向窄槽方向推移，钉头就卡在窄槽底部，实现连接。暗螺钉拼常用于木条与板边的连接，如床屏盖头线等的固定，有螺钉拉紧，可保证接合严密；也用于反复拆装的接合，接合面不施胶。

（5）除上述接合方法外还有齿形拼、竹销拼、木销拼、螺栓拼等。

（6）实木拼板在家具中作为自由件时（如作门扇），容易产生翘曲，应加防翘结构。方法是在拼板的两端设置横贯的木条，表 3.9 所列为几种常用的防翘结构，其中以穿带结构的防翘效果最好，防翘结构中，穿带、嵌端木条、嵌条与拼板之间不要加胶，以允许拼板在湿度变化时能沿横纤维方向自由胀缩。

（7）拼板的板面排列除考虑纹理美观外，还需有利于减少干缩湿胀变形。为此，材面有两种匹配法，如图 3.12 所示，一是各拼条同名材面朝向一致，湿度变化时，各拼条弯向一致，整块拼板形成一个大弯，适用于桌面等有依托的拼板，拼板固定防止了这个大弯的产生；二是相邻拼条的同名材面朝向相反，板面虽有多个小弯，但整板平整，适用于门扇等无依托结构。

（8）拼板在使用过程中，板的宽度、厚度会随周围空气湿度的变化而变化，结构设计应给予考虑。在正常使用条件下，干缩湿胀周期为一年，其尺寸变化幅度的经验值为：$\Delta B = 0.0125B$，其中 ΔB 是拼板宽度（或厚度）的尺寸变化幅度（mm），B 是拼板宽度（或厚度）尺寸（mm）。

表 3.9   拼板防翘结构

方法与结构简图	接合尺寸	备　注
穿带		$c = \frac{1}{4}A$ $a = A$ $b = 1\frac{1}{2}A$ $l = \frac{1}{6}L$ $L =$ 板长
嵌端		$a = \frac{1}{3}A$ $b = 2A$ $b_1 = A$
嵌条		$a = \frac{1}{3}A$ $b = 1\frac{1}{2}A$
吊带		$a = A$ $b = 1\frac{1}{2}A$

注　摘自《木材工业实用大全·家具卷》。

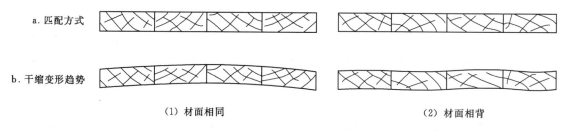

a. 匹配方式

b. 干缩变形趋势

（1）材面相同　　　　　　　　　　　（2）材面相背

图 3.12　板面匹配与变形趋势
（摘自《家具造型与结构设计》）

为了节约材料，不仅仅是宽度方向的拼板，长度方向的胶接的应用也越来越广泛，常用于餐台面等较长的零件上。常用的接合方式有对接、斜面接合和指形接合等方法，如图 3.13 和图 3.14 所示。

3.3.3　木框

木框通常是由至少四根方材纵横围合而成，可以有一至多根中档，或者没有中档。常用的木框主要有门框、窗框、镜框以及脚架等。

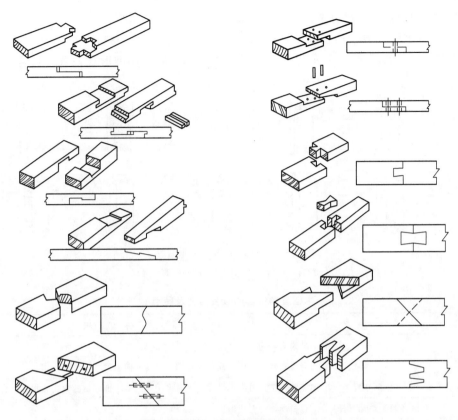

图 3.13　直线零件的接长

（摘自《家具结构设计与制造工艺》）

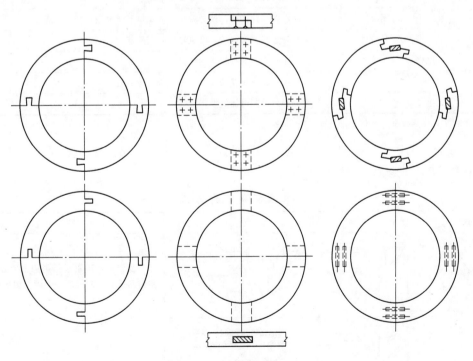

图 3.14　曲线零件的接长

（摘自《家具结构设计与制造工艺》）

1. 木框角部接合

（1）出面木框的角部接合可分为两种：直角接合与斜角接合。

1）直角接合：牢固大方，加工简便，较常用。主要采用各种直角榫、燕尾榫、圆榫或连接件，结构设计时按需选用。如图 3.15 所示为木框角部直角接合的部分典型形式，各种接合方式的特点与应用见表 3.10。

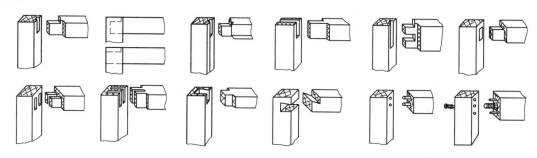

图 3.15　木框直角接合的典型方式

（摘自《木材工业实用大全·家具卷》）

表 3.10   木框直角接合的接合方式及特点

接　合　方　式			特　点　与　应　用
直角榫	据榫头个数分	单榫	易加工，为一般常用形式
		双榫	需提高接合强度，或零件在榫头厚度方向上尺寸过大时采用
		纵向双榫	零件在榫宽方向上尺寸过大时采用，可减小榫眼材的损伤，提高接合强度
	据榫端是否贯通分	不贯通（暗）榫	较美观，为常用形式
		贯通（明）榫	强度较暗榫高，宜用于榫孔件较薄，尺寸不足榫厚的 3 倍，而外露榫端又不影响美观之处
	据榫侧外露程度分	半闭口榫	兼有闭口榫、开口榫的长处，为常用形式
		闭口榫	构成木框尺寸准确，接合较牢，榫宽足够时采用
		开口榫	装配时方材不易扭动，榫宽较窄时采用
燕尾榫			能保证一个方向有较强的抗拔力
圆榫			接合强度比直角榫低 30%，但省料、易加工。圆榫至少用两个，以防方材扭转
连接件			可拆卸，需同时加圆榫定位

注　摘自《木材工业实用大全·家具卷》。

2）斜角接合：两根方材接合后，其端面都不外露，外表美观。常用于外观要求较高的家具。木框斜角接合常用方式的特点与应用见表 3.11。

表 3.11   木框斜角接合方式

接合方式	简　图	特点与应用
单肩斜角榫		强度较高，适用于门扇边框等仅一面外露的木框角接合，暗榫适用于脚与望板间的接合
双肩斜角榫		强度较高，适用于柜子的小门、旁板等一侧边有透盖的木框接合

接合方式	简　图	特点与应用
双肩斜角暗榫		外表衔接优美，但强度较低，适用于床屏、屏风、沙发扶手等四面都外露的部件角部接合
插入圆榫		装配精度比整体榫低，适用于沙发扶手等角部接合
插入板条		加工简便，但强度低，宜用于小镜框等角部接合

注　摘自《木材工业实用大全·家具卷》。

（2）覆面木框的角部接合：可以采用闭口直角榫接合、榫槽接合和⊓形骑马钉（扒钉、气枪钉）接合，如图3.16所示。

2. 丁字形结构

家具中，木框中档与边框相接、中档间的连接都是丁字形结构。丁字形结构常用接合方式及其特点与应用见表3.12。

3. 木框嵌板结构

在木框内侧四周的沟槽内嵌入板件就构成木框嵌板结构。

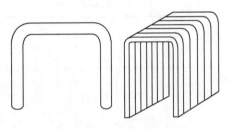

图 3.16　⊓形骑马钉

木框嵌板结构可镶嵌木质拼板、饰面人造板、玻璃或镜子。木框嵌板结构形式如图3.17所示。

表 3.12　　　　　　　　　　丁　字　形　接　合

接合方式	简　图	特点与应用
直角榫		接合最牢固，依据方材的尺寸、强度与美观要求设计，有单榫、双榫和多榫，分暗榫和明榫
插肩榫		较美观，在线型要求比较细腻的家具中与木框斜角配合使用
圆榫		省料，加工简便，但强度与装配精度略低
十字搭接		中档纵横交叉使用

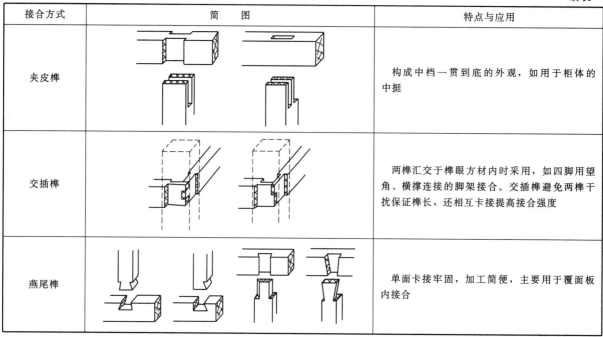

接合方式	简　图	特点与应用
夹皮榫		构成中档一贯到底的外观，如用于柜体的中挺
交插榫		两榫汇交于榫眼方材内时采用，如四脚用望角、横撑连接的脚架接合。交插榫避免两榫干扰保证榫长，还相互卡接提高接合强度
燕尾榫		单面卡接牢固，加工简便，主要用于覆面板内接合

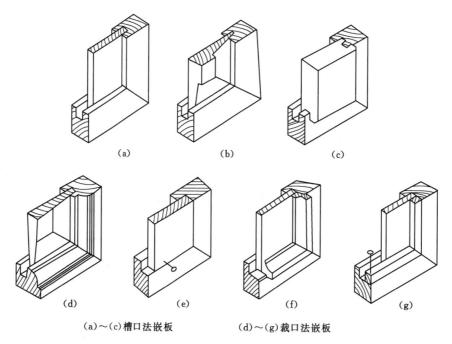

（a）　　　　　　（b）　　　　　　（c）

（d）　　　　（e）　　　　（f）　　　　（g）

（a）～（c）槽口法嵌板　　　（d）～（g）裁口法嵌板

图 3.17　木框嵌板的结构形式

（摘自《木家具制造工艺学》）

在木框中固定嵌板的方法有槽口法嵌板和裁口法嵌板：

（1）槽口法嵌板：在木框立边与帽头的内侧开出槽沟，在装配框架的同时将嵌板放入一次性装配好。该方法外观平整，但不能拆卸更换嵌板，常用于嵌装木质拼板。图 3.17 中的（a）～（c）为槽口法嵌板，3 种形式的不同之处在于木框内侧及嵌板周边所铣型面不同，这 3 种结构在更换嵌板时都需将木框拆散。其中，（a）结构能使嵌板盖住嵌槽，防止灰尘进入嵌槽内。嵌板槽深一般不小于 8mm（同时需预留嵌板自由收缩和膨胀的空隙），槽边距框面不小于 6mm，嵌板槽宽常用 10mm 左右。

（2）裁口法嵌板：在木框内侧裁口，嵌板用木条和靠挡，木条用木螺钉或圆钉固定，该方法便于板件嵌装，板件损伤后也易于更换，还可利用木条构成凸出于框面的线条，常用于玻璃、镜子的嵌装。

　　嵌板的板面低于框面为常用形式，一般用于门扇、旁板等立面部件；板面与框面相平时用于桌面，较少用于立面；板面凸出于框面适用于厚拼板，胀缩不露缝，较美观，但费料费工，较少用。

　　4. 三方汇交榫结构

　　纵横竖三根方材相互垂直相交于一处，以榫相接，构成三方汇交榫结构。其结构形式因使用场合不同而异，典型形式见表 3.13。

表 3.13 三方汇交榫的形式与应用

结构名称	简　　图	应用举例	应用条件	结构特点
普通直角榫	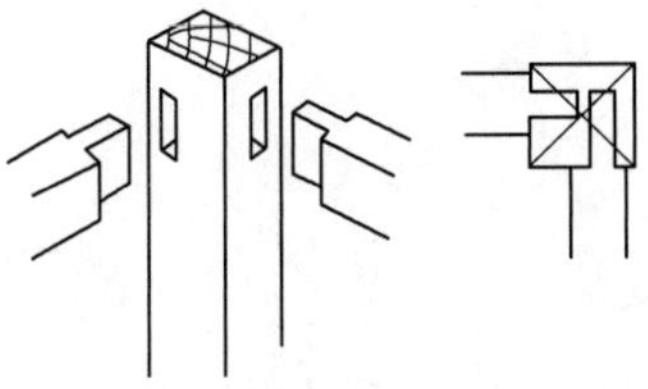	椅、柜框架连接	①直角接合； ②竖方断面足够大	用完整的直角榫
插配直角榫	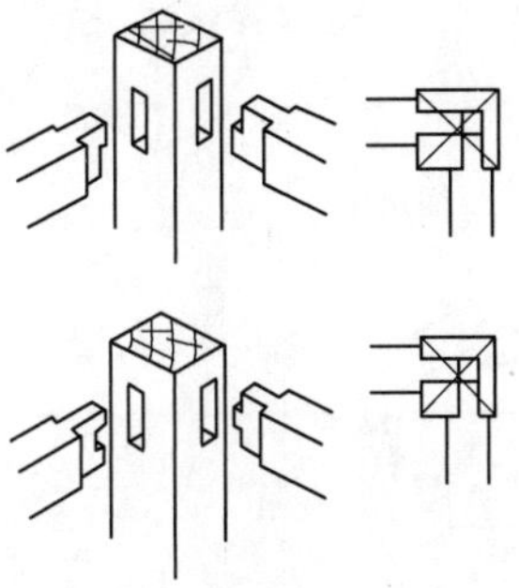	椅、柜框架连接	①直角接合； ②竖方断面不够大	纵横方材榫端相互减配、插配
错位直角榫	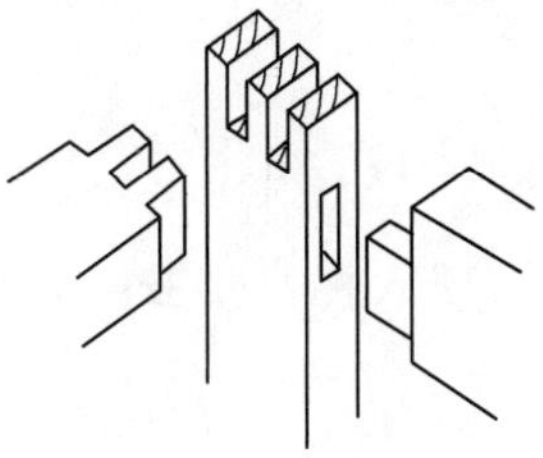	柜体框架上角连接	①直角接合； ②竖方断面不够大； ③接合强度可略低	用开口榫，减榫等方法使榫头上下相错
横竖直角榫	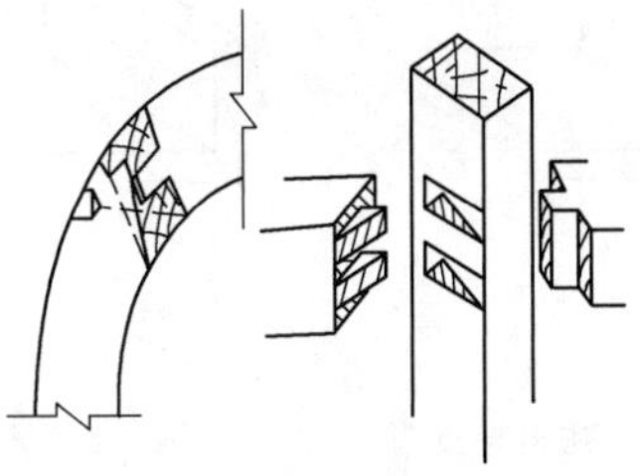	扶手椅后腿与望板的连接	①直角接合； ②弯曲的侧望、后望相对装入腿中	相对二榫头的颊面一横一竖； 保证后望榫长侧望榫接用螺钉加固
棕角榫 （三碰肩）	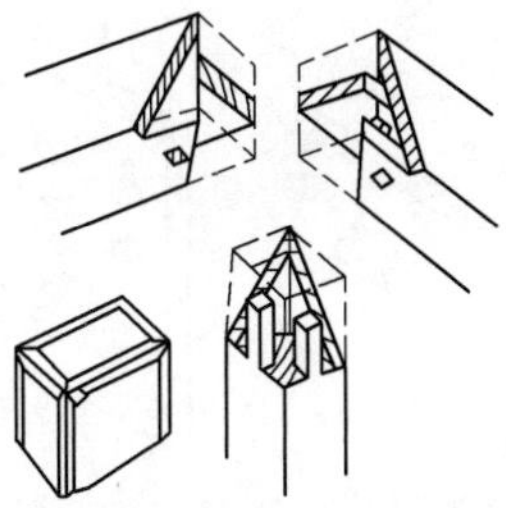	传统风格的几、柜、椅的顶角连接	顶、侧朝外三面都需要有美观的斜角接合	纵横方材交叉榫数量按方材厚度决定，小榫贯通或不贯通

　　注　摘自《木材工业实用大全·家具卷》。

3.3.4　箱框

　　箱框是由 4 块以上的板件按一定的接合方式围合而成的，常用的箱框如抽屉、箱子、柜体等。箱框中间可设有若干块中板（隔板、搁板）。其结构主要在于箱框的角部接合与中板接合。

　　箱框角部接合可以采用直角接合或斜角接合，有直角榫、燕尾榫、插入榫、木螺钉等固定式接合，如图 3.18 所示。接合强度以整体多榫为最高，在整体多榫中，又以明燕尾榫强度最高，斜形榫次之，直角榫再次。在燕尾榫中，全隐榫的两个端头都不外露，最美观；半隐榫有一个端头不外露，能保证一面美观；但它们的强度都略低于明榫。各种斜角接合都有使板端不外露，外表美观的优点，但接合强度较低，可再加塞角加强，即与图中的木条接合法联用。

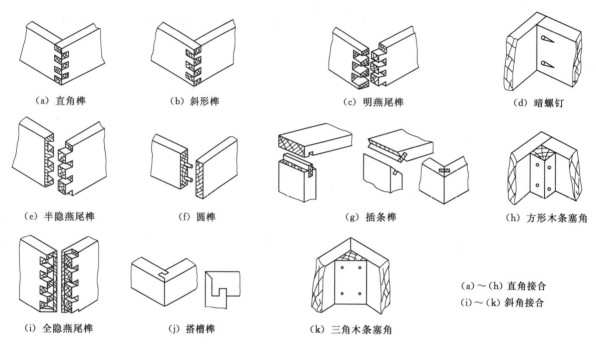

(a) 直角榫　　(b) 斜形榫　　(c) 明燕尾榫　　(d) 暗螺钉

(e) 半隐燕尾榫　　(f) 圆榫　　(g) 插条榫　　(h) 方形木条塞角

(i) 全隐燕尾榫　　(j) 搭槽榫　　(k) 三角木条塞角

(a)～(h) 直角接合
(i)～(k) 斜角接合

图 3.18　箱框角部接合方式
（摘自《木材工业实用大全·家具卷》）

　　箱框中板接合常采用直角槽榫、燕尾槽榫、直角多榫、插入榫（带胶）等固定式接合，如图 3.19 所示。

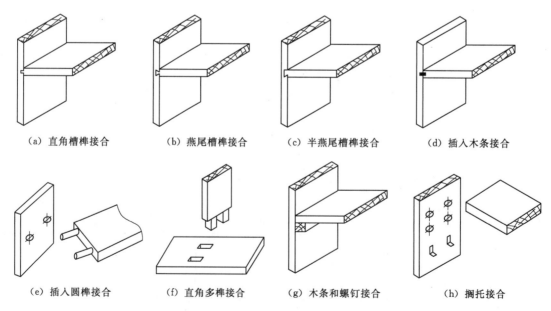

(a) 直角槽榫接合　　(b) 燕尾槽榫接合　　(c) 半燕尾槽榫接合　　(d) 插入木条接合

(e) 插入圆榫接合　　(f) 直角多榫接合　　(g) 木条和螺钉接合　　(h) 搁托接合

图 3.19　箱框中板接合方式
（摘自《家具制造工艺及应用》）

箱框角部接合和中板接合也可以采用各种连接件拆装式接合。

3.4 现代实木家具的典型结构

传统实木家具几乎都不能拆装，为框架式结构，而现代实木家具结构接合形式更加多样化，有框架式结构和板式结构，且多融合了拆装式的接合。为了更好地适应现代工业化的生产方式，以便降低生产成本，提高效率，现代实木家具往往在结构的设计中更加的标准化，具体体现在：尺寸规格的统一化以及系列化，接合方式的通用化，连接件使用的规格化等，这种标准化的特点使机械化的成分更加浓郁。而传统实木家具一般都采用纯手工制作的榫接合形式，这是两者巨大的差别之一，是不同时代下的产物。下面以常见的几种家具为例讲解现代实木家具结构形式。

3.4.1 现代实木家具——椅类结构

椅子是日常生活中使用频率最高的家具之一。椅子一般由脚架、座面、靠背、扶手等部分构成。通过各种结构方式，协同完成功能上的不同要求。有时又由几个相邻部件连接组合而成，如支架连扶手，座面连靠背等，如图3.20所示。

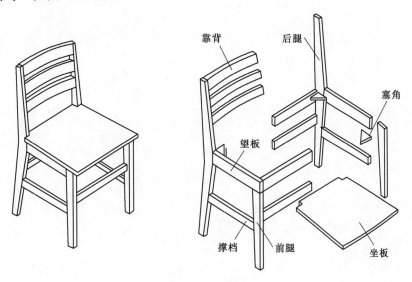

图 3.20 椅子的构成

由于受技术、材料的限制，传统的椅类家具都是采用固定式的榫接合。而现代椅类家具考虑到批量生产、成本、流通等因素，往往要求能实现拆装、待装或自装配，其接合方式有榫接合也有连接件接合，或两者兼而有之。

1. 脚架结构

脚架的结构由前腿、后腿、望板、拉档、塞角等组成。其结构方式随椅子的类型和材料不同而各不相同，但均要求有足够的强度、稳定性和刚性，因椅子要经受外力的反复作用与撞击。

椅腿与座面、望板、拉档都有所连接。固定式座椅的典型结构为各零件间均采用直角榫接合，现代实木座椅中也常采用圆棒榫做固定连接。为了提高强度，通常椅腿与望板连接固定以后，还会采用塞角作补强措施。塞角分金属塞角与木质塞角，塞角与椅腿之间采用木螺钉连接，与望板之间采用木螺钉或螺丝连接，如图3.21所示。

采用拆装待装或自装配结构是缩小椅子包装体积的常用方法。椅子拆分应遵循包装体积小、装配简捷、安全可靠、成本节约等原则。要求拆装结构时可采用连接件接合，常采用圆棒榫定位，木螺钉或螺杆与预埋螺母固定的方式。如图3.22和图3.23所示，为两种实木座椅的拆装结构。

椅子脚架拆装结构的设计要点如下：

（1）把受力情况作为首要设计依据，确保受力后结构稳定。因此，较为常用的连接方法为椅框前

图 3.21　座椅塞角补强措施

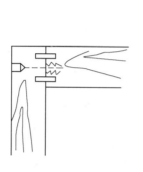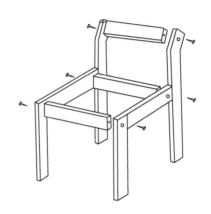

图 3.22　实木座椅的拆装式结构（一）

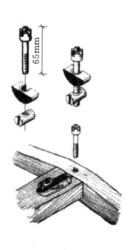

图 3.23　实木座椅的拆装式结构（二）

（摘自《木家具制造工艺学》）

后方向固定连接，左右方向用连接件连接，将椅框左右两侧的木框设计成固定部件，两侧的木框与前后望板、靠背之间的连接用连接件，此为左右拆分法，除此之外，还有前后拆分法和上下拆分法。

（2）许多板式家具的连接件都适用于椅框和其他实木拆装结构。但实木拆装家具一般承重受力都较大，应该选用接合强度较高的连接件。

（3）两个零部件用连接件接合，还需要设置至少一个定位圆榫，以防止零件绕连接件转动。

2. 座面结构

椅子座面支承负荷大，且装饰性强，根据椅子种类不同，座面也不同。一般由实木拼板制作，用木螺钉从底部与望板框架连接。座面的横纹边可用 3 个螺钉，顺纹边用 2 个螺钉。

3. 椅背结构

椅背是人体坐在座椅上时后背及脖颈凭靠的部位，因此，应同时满足装饰要求和使用功能，要有很好的人机工程学性能。其一般由框架结构组成，椅背的中间部分是木条，采用直榫或圆棒榫接合。也可以是板材，用螺钉加固。椅背与后腿间采用榫接合，如果是拆装结构则采用圆棒榫定位，通过螺杆与预埋螺母完成紧固连接。

4. 扶手结构

扶手是用来支撑人体手臂的部件，其在结构上主要是跟椅腿连接，如扶手为出头，即 T 形，则接合处多用圆榫或直角榫接合；如扶手为不出头，即 L 形连接，则常采用斜肩榫或圆榫接合。

3.4.2 现代实木家具——桌台类结构

桌类家具由面板、脚架、望板、附加柜体和抽屉等组成。在结构上同样有拆装式和固定式两种。

1. 桌脚架结构

桌脚架位于桌面以下，用于支撑桌面，形成框体，它不仅体现家具造型，而且要具有满足稳定性的强度和刚度，按结构分为框式支架和板式支架。

（1）框式支架：典型的框式结构，由支撑腿与望板和横撑接合构成。固定式结构，采用直角榫接合，如图 3.24 和图 3.25 所示。现代家具设计可用连接件完成木框支架。为满足功能和造型需要，腿与望板和横撑结构形式有很大变化，有时需要折叠、伸缩等，便于储存和运输。

（2）板式支架：用板材构成支架直接支撑桌面，不拘泥于 4 腿的传统形式，多采用连接件完成板式支架。

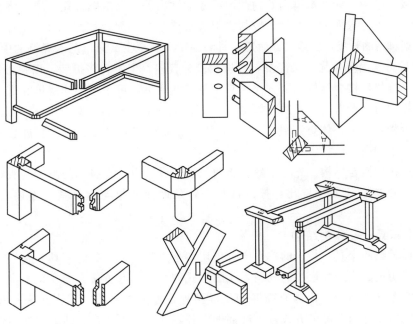

图 3.24　方桌支架的构造形式（四腿）

（摘自《家具设计》）

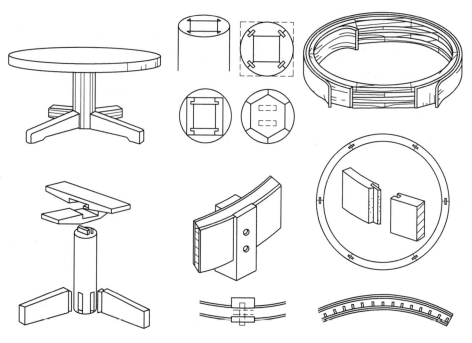

图 3.25　圆桌支架的构造形式（独腿）

（摘自《家具设计》）

2. 桌面结构

实木桌面同椅面一样常用实木拼板制作，可做成圆形、方形、长方形等。

小尺寸的桌面可用暗螺钉与下部脚架连接，横纹边超过 1000mm 的拼板桌面，固定时需用长孔角铁，或燕尾木条与长孔角铁联用，如图 3.26 所示。如果是具有扩展功能的桌子，面板构造要附有辅加面板，可通过折动或连动装置，改变面板形状，使用灵活。

3. 桌面与脚架的接合

在此讲的装配结构是指其面板跟其脚架的接合方法及接合结构。

（1）木螺钉接合结构。即在牵脚档的内侧面或底面钻出若干个木螺钉孔，然后将木螺钉从牵脚档的木螺钉孔中穿出，再拧入面板中，使面板与脚架紧密接合在一起，如图 3.26（b）所示。所用木螺钉的多少，需根据脚架的长度与宽度尺寸而定，每一根牵脚档至少 2 只，两木螺钉的中心距离以 250～300mm 为宜。此种方法简单可靠，又经济，故应用极为普遍。但不宜多拆装，以免松动。

（2）倒牙螺母连接件接合结构。为方便家具反复多次装拆，可采用倒牙螺母和螺栓接合。即将倒牙螺母先嵌入面板的对应位置上，然后用螺栓从牵脚档的螺孔下边穿出，拧入相对应的倒牙螺母中，以使面板跟脚架紧密接合为一体，如图 3.26（c）所示。此种方法接合虽能反复拆装。但要求安装尺寸精度高，且成本也较高。

（3）角尺件连接件接合结构。先用木螺钉将角尺连接件固定在牵脚档的内侧两头，然后再用木螺钉从角尺连接另一面的螺钉孔中穿出，拧入面板中，从而使面板与脚架紧密连接，如图 3.26（d）所示。

3.4.3　现代实木家具——床类结构

床是支撑人体睡眠的家具，与人的关系十分密切，是人类生活必备的家具。它的历史比其他任何家具都久远，随着历史的变迁和社会的发展，床的形式和结构都有了很大的变化。实木床由床屏、床面、床挺及拉档等零部件组成。床屏有高屏和低屏两种，目前大多数的实木床为一高屏和一低屏方式，但也有少数实木床为两个高屏方式。床屏部件中各零件间用榫接合。铺板部件的框架零件间用榫接合，铺板木条与框架用钉接合。床挺与床屏常采用插接式、螺钉螺母式等连接件实现拆装式连接。床的结构如图 3.27 所示。

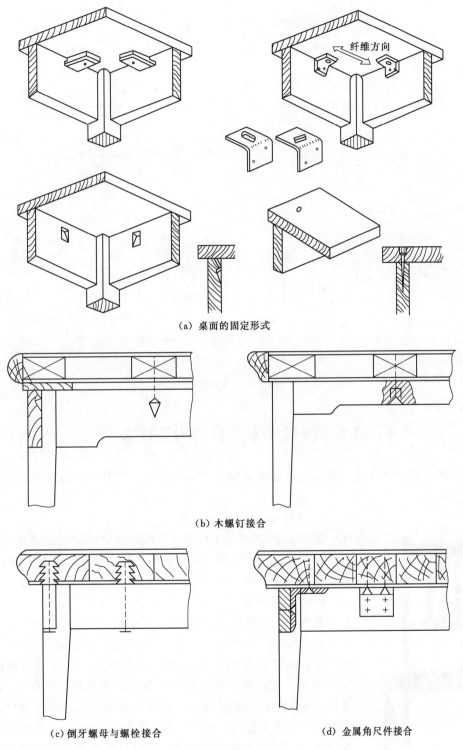

（a）桌面的固定形式

（b）木螺钉接合

（c）倒牙螺母与螺栓接合

（d）金属角尺件接合

图 3.26　桌面固定
（摘自《家具设计》）

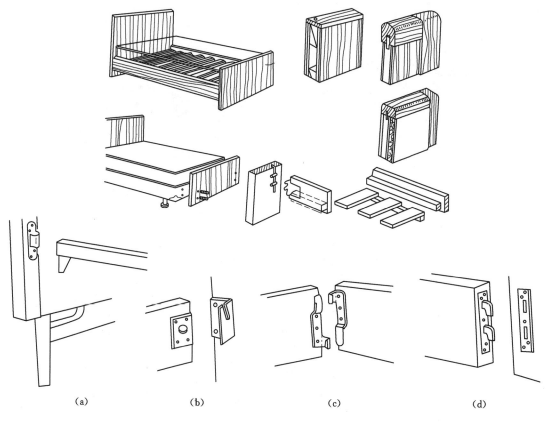

(a)　　　　　　(b)　　　　　　(c)　　　　　　(d)

图 3.27　床的结构

3.5　现代实木家具结构设计实例

本节以市面上比较常见的一款现代拆装式结构实木座椅为例,简要阐述其结构设计特点,如图 3.28 所示。

1. 设计图

如图 3.29 所示,为此实木座椅的设计图。由此图看到它由靠背处的一个搭脑、三个竖档、一个横档、两个前腿、两个后腿、一块座面、四块望板、左右两个拉档共计十六个主要零件组成。

2. 结构装配图

此例中的座椅为方便网络销售运输,为平板式包装,因此被设计成拆装式结构,采用左右拆分法,将其拆分为六个零部件:由前后腿、侧望板和拉档组成的部件两个,靠背部件,前后望板和座面,如图 3.30 所示。其结构设计如图 3.31 所示,前后腿与侧望板、拉档间及靠背部件间采用固定式榫接合;后腿与靠背部件、后望板间,以及前腿与前望板间采用拆装式接合,接合点用圆榫定位,通过预埋螺母和螺杆完成坚固连接。座面用角码连接件与前后望板连接在一起,也可用木螺钉在下方连接固定前后望板与座面。

3. 装配效果图

其装配效果图如图 3.32 所示,可直观地看到其各拆装零部件的接合方式。

图 3.28　拆装式实木座椅

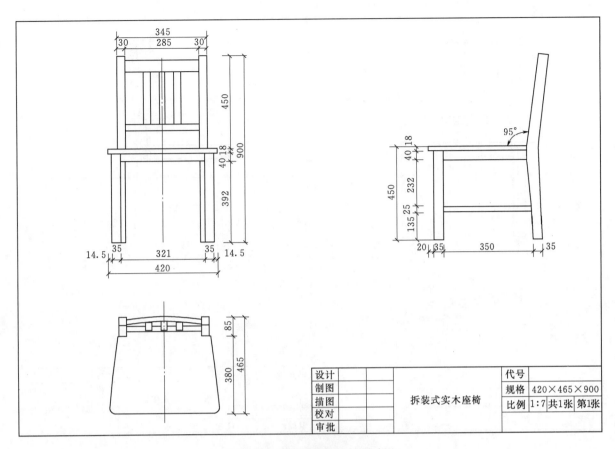

设计		拆装式实木座椅	代号	
制图			规格	420×465×900
描图			比例 1:7	共1张 第1张
校对				
审批				

图 3.29　拆装式实木座椅设计图

图 3.30　拆装式椅子的零部件

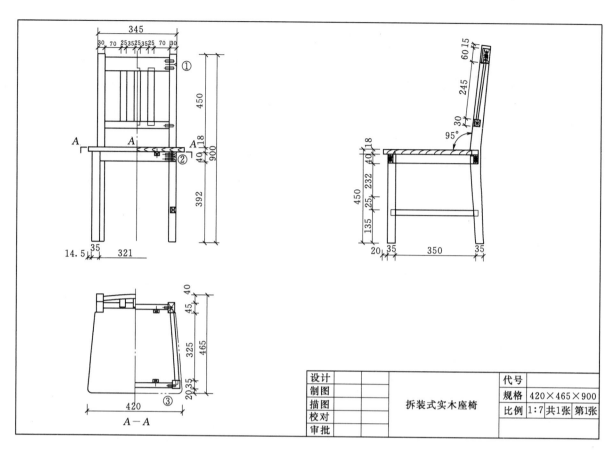

设计		代号	
制图		规格	420×465×900
描图		比例	1:7 共1张 第1张
校对			
审批		拆装式实木座椅	

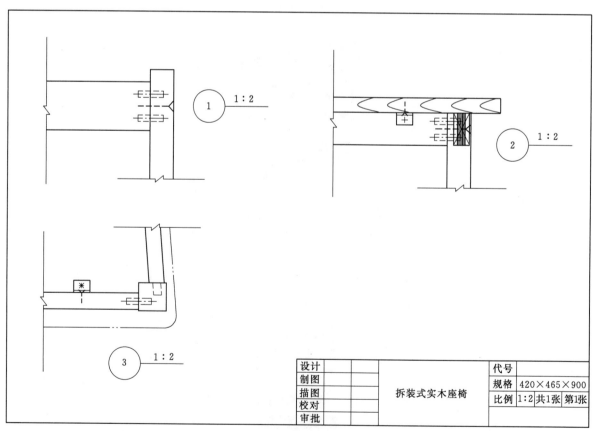

设计		代号	
制图		规格	420×465×900
描图		比例	1:2 共1张 第1张
校对			
审批		拆装式实木座椅	

图 3.31 拆装式实木座椅结构装配图

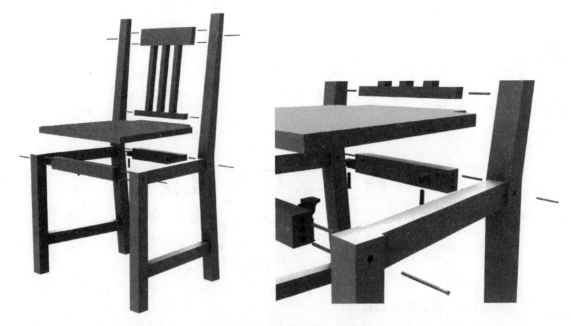

图 3.32 拆装式实木座椅结构

课 后 思 考 与 练 习

（1）简述现代实木家具的常见接合方式。

（2）常见的拼板方式有哪些？

（3）利用4学时左右的时间进行实木家具市场实地考察，搜集图片资料，分析了解其内在结构。

（4）在课程进行中，可让学生选一实木家具图片或自设计一实木家具，绘制出三视图、结构装配图、结点大样图，以了解家具的结构。

板式家具结构设计

4.1 板式家具的材料与结构特点

4.1.1 板式家具的概念

板式家具是以人造板为主要基材，配以各种贴纸、木纹纸或木皮，经封边、喷漆修饰，以板件为主体，采用专用的五金连接件或圆棒榫连接装配而成的家具，是板件为基本结构的拆装组合式家具。

4.1.2 板式家具的用材

常见的人造板材有胶合板、蜂窝板、刨花板、中纤板等。

1. 胶合板

胶合板（夹板）常用于制作需要弯曲变形的家具。

2. 蜂窝板

蜂窝板是由两块较薄的面板，牢固地黏结在一层较厚的蜂窝状芯材两面而制成的板材，亦称蜂窝夹层结构。蜂窝状芯材是用浸渍过合成树脂（酚醛、聚酯等）的牛皮纸、玻璃布和铝片等，经加工粘合成六角形空腹（蜂窝状）的整块芯材。

在家具制造业推广使用蜂窝复合材料，将会大大减少木材的使用量，而且能改善人造板变形的缺陷。以 20mm 厚度的板材为例，如果使用 2.5mm 的中纤板为面板制成蜂窝复合板，材料的用量和重量仅为实心中纤板的 1/4 左右；而复合板的成本却只有实心板的 1/2 左右，并且复合板具有重量轻、不易变形，运输方便等优点。因而，在欧洲 80％以上的内房门为蜂窝复合门，大多数 20mm 厚度以上的家具板材为蜂窝复合板。

蜂窝复合板非常适合应用于板式家具。例如，可用于厚度大于 18mm 的旁板、面板、顶板、隔板、底板、门板、隔断以及一些装饰件。越厚的板材则更能显示出蜂窝材料的优越性；厚板还具有良好的抗弯特性，用于餐桌、茶几、电视柜等。甚至还有家具生产厂家将其用于制造家具的支撑腿，可见其应用的广泛性。

3. 刨花板

刨花板是将木材加工过程中的边角料、木屑等切削成一定规格的碎片，经过干燥，拌以胶黏剂、硬化剂、防水剂，在一定的温度下压制而成的一种人造板材，因其剖面类似蜂窝状，所以称为刨花板。因为刨花板结构比较均匀，加工性能好，可以根据需要加工成大幅面的板材，是制作不同规格、样式的家具较好的原材料。制成品刨花板不需要再次干燥，可以直接使用，吸音和隔音性能也很好。但它也有其固有的缺点，因为边缘粗糙，容易吸湿，所以用刨花板制作的家具封边工艺就显得特别重要。另外由于刨花板容积较大，用它制作的家具，相对于其他板材来说，也比较重。

4. 中纤板

中纤板是密度板的一种，按 GB 11718—2009《中密度纤维板》规定：以木质纤维或其他植物纤维为原料，施加醛脲树脂或其他适用的胶黏剂，制成密度在 0.50～0.88（g/cm³）范围内的板材，称为中、高密度纤维板，简称"中纤板"。中纤板，纤维组织均匀，纤维间的胶合强度高，故它的静曲强度、平面抗拉强度、弹性模数好。但握螺钉力等比实木颗粒板弱，因为中纤板是原木磨成纤维，完全改变了木材的结构。且吸湿、吸水性能、厚度膨胀率较高。中纤板按其厚度的不同，分为高密度板、中密度板、低密度板。中纤板的甲醛含量也要比刨花板少一点。

中纤板表面平整、光滑、便于胶粘刨制薄木和薄页纸等饰面材料，且便于涂饰和节约涂料。中纤板比刨花板握钉力差，螺钉旋紧后如果发生松动，由于密度板的强度不高，很难再固定。

加工性能：由于中纤板是原木磨成纤维，完全改变木材结构。因此可以生产从几毫米到几十毫米厚的板材，可以代替任意厚度的木板、方材，且具有良好的机械加工性能，锯切、钻孔、开槽、砂光加工和雕刻，板的边缘可按任何形状加工，加工后表面光滑。此类板材现在在国内家具行业也广泛使用，但相比国外早已普遍使用的实木颗粒板硬度上还是稍差。

用途：由于它性能优良，且是木材综合利用、合理利用的有效途径，因此，中纤板也是目前比较有发展前途的产品之一。中纤板性价比最高，最常用的是中密度纤维板（MDF）。

5. 实木颗粒板

实木颗粒板是以刨花板工艺生产的板材，是刨花板的一种，属于均质刨花板。均质刨花板的学名叫定向结构刨花板，是一种以小径材、间伐材、木芯、板皮等为原料，通过专用设备加工成长 40mm、70mm，宽 5mm、20mm，厚 0.3mm、0.7mm 的刨片，经干燥、施胶和专用的设备将表芯层刨片纵横交错定向铺装后，经热压成型后的一种人造板。

现在国内板式家具行业中比较有实力、质量口碑较好的企业无非就选用实木颗粒板（刨花板的一种）和中纤板（密度板的一种）两种。因为这两种板材不管在价格上和质量上相对比较适合现在中国衣柜行业的发展，但这两种板材在本质上也有很大的区别。

4.1.3 板式家具的贴面形式

在贴面的部分，可选择的材料有很多种，板式家具常见的饰面材料有薄木（俗称贴木皮）、三聚氰胺饰面、木纹纸（俗称贴纸）、聚酯漆面（俗称烤漆）等。后两种饰面通常用于中低档家具，而天然木皮饰面用于高档产品。

1. 贴纸家具

贴纸家具易磨损、怕水，不堪碰撞，但价格低廉，属于大众化产品。比较而言：贴纸家具木纹显得比较假，无色差，无节疤，手感光滑平整，无纹路感，在边角处容易露出破绽。另外，木纹纸因厚度很小（0.08mm），在两个平面交界处会直接包过去，造成两个界面的木纹是相接的（通常都是纵切面）。

2. 三聚氰胺饰面

将装饰纸表面印刷花纹后，放入三聚氰胺胶浸渍，制作成三聚氰胺饰面纸，再经高温热压在板材基材上。表面纹理真实感强，耐磨、耐划，防水性较好，宜于生产，主要用于板式家具的制造。市场上常见的还有进口的三聚氰胺板，如奥地利爱家板、德国菲德莱板等，其表面经过了特殊处理，在耐磨等性能方面，与普通三聚氰胺板相比，更适合厨房环境使用。

3. 防火板贴面

防火板贴面耐磨且不怕烫，有木纹、素面、石纹或其他花饰，多用于板式家具、橱具等。一般是由表层纸、色纸、基纸（多层牛皮纸）三层构成的。表层纸与色纸经过三聚氰胺树脂成分浸染，使耐火板具有耐磨、耐划等物理性能。多层牛皮纸使耐火板具有良好的抗冲击性、柔韧性。防火板的厚度一般为 0.8mm、1mm 和 1.2mm。防火板的耐磨、耐划等性能要好于三聚氰胺板，而三聚氰胺板价格上低于防火板。

4. 实木皮饰面

将实木皮经高温热压机贴于中纤板、刨花板、多层实木等板上，成为实木贴皮饰面板，因木皮有进口与国产之分，名贵木材与普通木材之分，可选择范围较大，所以根据实木皮的材质种类及厚度决定了实木贴皮饰面板档次的高低。目前标准贴面木皮是 0.6mm。木皮家具有自然的节疤、色差及纹路变化，用手触摸有木纹感；在制作时遇到两个相邻交界面时，通常不转弯，而是各贴一块，因此两个交界面的木纹通常不会衔接。

原木皮贴面：常见木皮的色彩从浅到深，有樱桃木、枫木、白桦、红桦、水曲柳、白橡、红橡、柚木、黄花梨、红花梨、胡桃木、白影木、红影木、紫檀、黑檀等几种。

实木贴皮板表面须做油漆处理，因贴皮与油漆工艺不同，同一种木皮易做出不同的效果，所以实木贴皮对贴皮及油漆工艺要求较高。实木贴皮板因其手感真实、自然，档次较高，是目前国内外高档家具采用的主要饰面方式，但相对材料及制造成本较高。

目前国内又流行一种科技木皮，以其纹理真实自然，花纹繁多，没有色差，幅面尺寸较大的特性而备受消费者青睐。科技木皮指的是再生木皮，是天然木材的"升级版"。其选用的原材料为原木，经过一系列的设计、染色、再构造、除虫处理、高温高压之后生成为科技木皮。

高档的板式家具一般用实木贴面，常见的有黑胡桃、樱桃木、柚木、水曲柳、楸木等。联邦也有贴实木木皮的家具，健威的樱桃木系列、曲美的橡木系列、皇朝圣木系列都是实木皮贴面家具。

5. 烤漆

聚酯漆面俗称烤漆面，它是以密度板为基材，经过多次喷涂进口漆高温烤制而成。表面经过打磨、上底漆、烘干、抛光而成，分亮光、哑光及金属烤漆 3 种。烤漆面颜色多样、表面抗污容易清洁，除了广泛用于制作板式家具，也非常受橱卫厂家的欢迎。优点是色彩鲜艳，视觉冲击力强；防潮、防水性能优越。易清洁，不渗油，不褪色。表面烤漆能够有效防水、防潮、不需封边，不褪色。不足：怕磕碰和划痕，损坏后很难修补。而中高端板式家具，则多为烤漆，目前最好的要数钢琴烤漆板式家具，这也是板式家具最常用的表面工艺。据了解，目前最多的烤漆为八层，一般优质的板式烤漆家具都为六层烤漆。

板式家具受欢迎的主要因素在于它具有多种贴面，可给人以各种光彩和不同质地的感受。在以往审美中，逼真的实木木纹尤其是名贵实木皮贴面，成为衡量板式家具的价格点所在，但近年来由于喷漆工艺的进步，以喷漆处理代替贴面的板式家具异军突起，成为板式家具的新亮点。由于工艺完美，家具表面效果好似橱柜中烤漆处理一般，每一件家具有着绸缎一样的手感，实木一样的质地，展示出大气和超前的气质，改变了一般板式家具靠贴皮材质定价的定律。

4.1.4 板式家具的结构特点

板式家具的结构应包括板式部件本身的结构和板式部件之间的连接结构，其主要特点为：

（1）节约木材，有利于保护生态环境。

（2）结构稳定，不易变形。

（3）自动化高效生产可以做到高产量，从而增加利润。

（4）加工精度由高性能的机械来保证，从而可生产出满足消费者要求的高品质产品。

（5）家具制造无需依靠传统的熟练木工。

（6）预先进行的生产设计可减少材料和劳动力消耗。

（7）便于质量监控。

（8）使用定厚工业板材，可减少厚度上的尺寸误差。

（9）便于搬运。

（10）便于自装配（RTA）工作的实现。

4.2　板式家具的接合方式

由于板式部件的主要原材料为中密度纤维板、刨花板、胶合板、集成材、空心覆面板等，这些原材料的形状、尺寸、结构及物理力学等特性决定了板式家具特有的接合方式。因各部件之间连接已无法采用古代的"榫卯连接",这就要求我们去寻找新的连接及接合方法,这样插入榫与现代家具五金被有效地利用上了。板式家具应用各种五金连接将板式部件有序地连接成一体,形成了结构简洁、接合牢固、拆装自由、包装运输方便、互换性与扩展性强、利于实现标准化设计、便于木材资源有效利用和高效生产的结构特点。

目前板式家具常用的连接方式主要有固定连接、活动连接、其他连接 3 类。

4.2.1 固定连接件结构

固定连接是指两零部件间形成的坚固接合,接合后两部件间没有相对运动。家具部件间的接合大多数为这种形式,如柜类及桌类的旁板与顶板、底板的接合等。固定连接的方法主要有不可拆连接与可拆连接、定位等几大类。

4.2.1.1 不可拆连接结构

这类连接主要靠钉及木螺钉钉入零件之间固定,一般装好后便不好拆卸,常用不可拆连接结构见表 4.1。

表 4.1　　　　　　　　　　　　　　　**不 可 拆 连 接 结 构**

名　称	常用连接件图片	特点及应用
圆钉	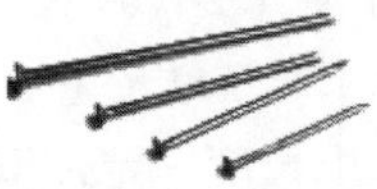	(1) 用于低档木制品的坚固连接; (2) 不可拆; (3) 钉头外露,连接强度较低
木螺钉	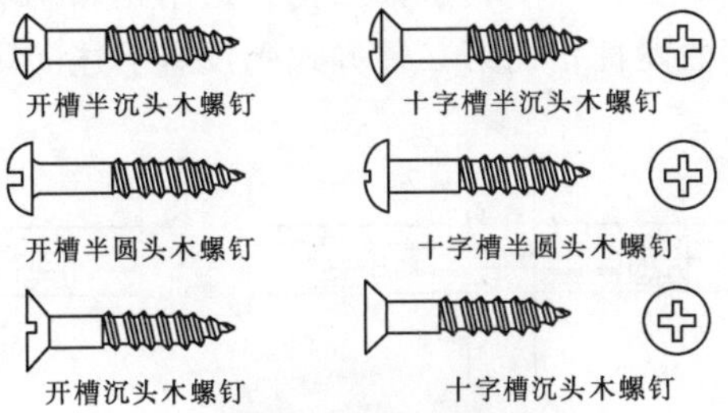 开槽半沉头木螺钉　十字槽半沉头木螺钉 开槽半圆头木螺钉　十字槽半圆头木螺钉 开槽沉头木螺钉　十字槽沉头木螺钉	可有限次地拆装,连接强度高于圆钉
气钉		(1) 用于木制品内部连接; (2) 需用气泵、枪钉等设备钉入; (3) 连接强度一般
角码		(1) 用于重载木制品的连接; (2) 与木螺钉配合使用

4.2.1.2 可拆装连接结构

可拆装连接结构的品种较多,典型的品种有一字形偏心连接件、直角型偏心连接件、螺钉连接件、背板连接件、外露直角连接件、插接式连接件等。

1. 偏心连接件

偏心连接件的种类有一字形偏心连接件、直角型偏心连接件。其中一字形偏心连接件又可分为三合一偏心连接、二合一偏心连接件、快装式偏心连接件。

(1) 三合一偏心连接件。由偏心体、吊紧螺钉及预埋螺母组成,安装形式如图 4.1 所示,由于这种偏心连接件的吊紧螺钉不直接与板件接合，而是连接到预埋在板件的螺母上，所以吊紧螺钉抗拔力主要取决于预埋螺母与板件的接合强度，拆装次数也不受限制。

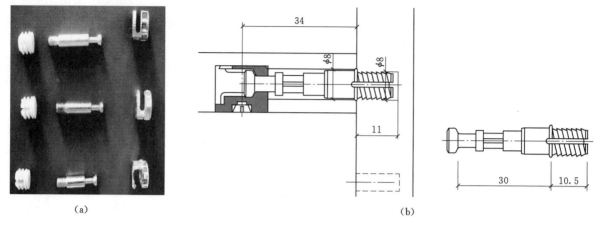

图 4.1　三合一偏心连接件

有些场合在同一接合点上要交叉连接三块板式部件，此时可采用下面的两种方式来实现。第一种方式是用两个偏心体和一根双端吊紧杆完成接合 [图 4.2（a）]，第二种方式是用两组二合一偏心连接件 [图 4.2（b）] 或两组三合一偏心连接件 [图 4.2（c）] 完成接合。采用第一种方式连接时，偏心体安装孔的位置受中间板件厚度的影响，即当选用长度一定的双端吊紧杆时，偏心体安装孔离板边缘的距离会因选择的中间板件厚度不同而变化，不利于标准化、通用化和模块化设计。此外，中间板件厚度公差，也会影响连接件接合强度的发挥，而第二种方式则没有上述问题。

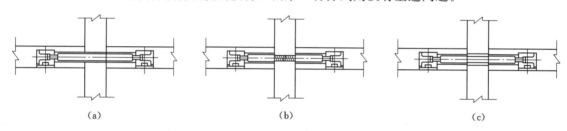

图 4.2　一字形偏心连接件安装图

（2）快装式偏心连接件。由偏心体、膨胀式吊紧螺钉组成，如图 4.3 所示。快装式偏心连接件是

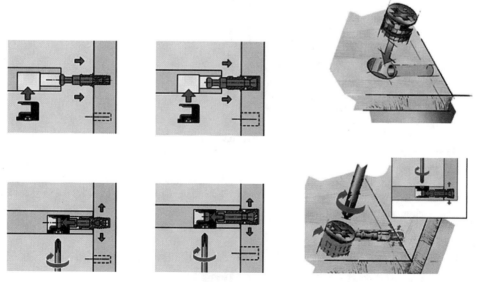

图 4.3　快装式偏心连接件安装图

借助偏心体锁紧时拉动吊紧螺钉，吊紧螺钉上的圆锥体扩粗倒刺膨管直径，从而实现吊紧螺钉与旁板紧密接合。安装吊紧螺钉用的孔的直径精度、偏心体偏心量的大小将直接影响其接合强度。

2. 插接式连接件

母件对子件采用自上而下插接的方式并依靠斜面构件获得扣紧配合，如图 4.4 所示。

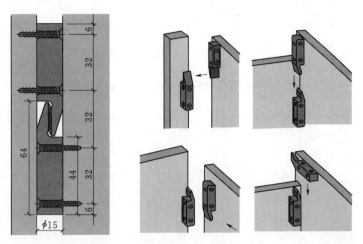

图 4.4　插接式连接件结构示意图

3. 直角件接合

由直角件、螺杆及倒刺螺母三件套组成，价格低廉，规格分大小两种。接合时，先将倒刺螺母、直角件预埋在两板件上，然后将螺杆通过直角件旋入倒刺螺母即可。这种连接件成本低，且板件都为表面钻孔，无需端面钻孔，所以打孔难度较低，易于加工。但直角件位于板面上，影响美观，常用于各种低档柜类的板件连接。直角件的接合如图 4.5 所示。

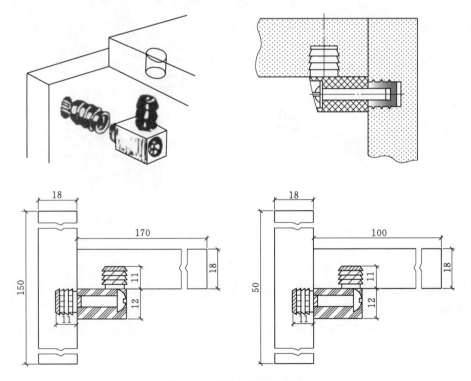

图 4.5　直角件接合示意图

4. 锤子连接件

它由长螺栓及圆柱螺母两部分组成，装配后如一把锤子嵌在家具中，故称为锤子连接件，如图 4.6 所示。用于各种重载柜体板件的直角连接，使用方便灵活、接合强度高、承载能力强。缺点是钉头外露，影响美观。

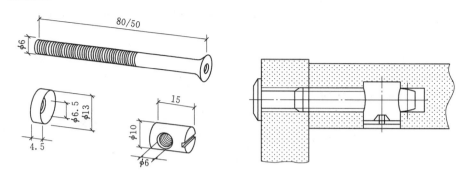

图 4.6　锤子连接件

5. 其他拆装连接件

主要有四合一连接件（用于书柜、文件柜等重载场合）、背板连接件、板件叠合连接件、板件对接连接件等，如图 4.7～图 4.9 所示。

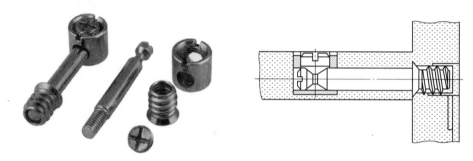

图 4.7　四合一连接件

图 4.8　板件叠合连接件　　　　　图 4.9　板件对接连接件

4.2.2　活动连接结构

活动连接结构是指两部件间有相对运动或转动滑动的结构方式，它依赖于一些专门的活动连接件实现。典型的品种有各种铰链、移门滑道、抽屉滑道等。

1. 普通铰链

用于内装修中的木质门窗及低档家具。特点：铰链外露，无自闭功能，但使用方便，价格低廉，如图 4.10 所示。

2. 抽芯型合页

主要用于要求装拆方便的门窗的安装公司，只要抽出合页的抽芯，便可将门、窗取下来，如图 4.11 所示。

3. 暗铰链

用于安装家具上的各种门。其特点是使安装的门能紧密关闭，也不影响家具的外观美，是一种在

图 4.10 普通铰链

图 4.11 抽芯型合页

国际上流行的通用合页。最常用的是杯状暗铰链，它由铰杯、铰连杆、铰臂及底座组成。铰杯、铰连杆及铰臂预装成一体，即杯状暗铰链的成品由铰链本体和底座两大部分组成，如图 4.12 所示。

杯状暗铰链的种类繁多，按连接的材料可分为木质材料门暗铰链、玻璃门暗铰链、铝合金门暗铰链；按门与旁板的角度可分直角型暗铰链、锐角型暗铰链、平行型暗铰链、钝角型暗铰链；按门的最大开启角度可分为小角度（95°左右）型暗铰链、中角度（110°左右）型暗铰链、大角度（125°左右）型暗铰链、超大角度（160°左右）型暗铰链；按承载的重量可分为轻载荷型暗铰链、普通载荷型暗铰链、中等载荷型暗铰链、大载荷型暗铰链；按装配速度可分为普通型暗铰链、快装型暗铰链；按门

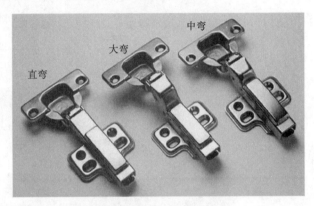

图 4.12 杯状暗铰链

的装卸方便度可分为需工具型暗铰链、免工具型暗铰链；按工作噪音可分为普通型暗铰链和静音型暗铰链；按铰杯和底座的材料可分为塑料暗铰链和金属暗铰链；按底座的位置微调能力可分为不可调型暗铰链、单向可调型暗铰链、多向可调型暗铰链。

4. 抽屉滑道及柜内侧装推拉式（领带架、裤架、鞋架、收纳架）导轨

抽屉滑道根据其滑动的方式不同，可以分为滑轮式和滚珠式，如图 4.13 所示；根据安装位置的不同，又可分为托底式、中嵌式、底部两侧安装式、底部中间安装式等；根据抽屉拉出距离柜体的多少可分为单节道轨、双节道轨、三节道轨等。三节道轨多用于高档或抽屉需要完全拉出的产品中。产品有多种规格，一般用英制，可根据抽屉侧板的长度自由选择。

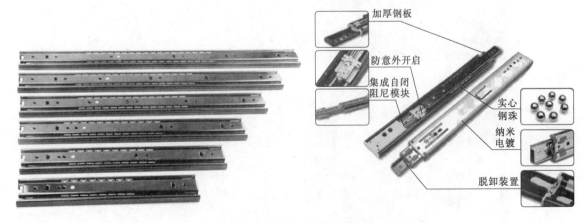

图 4.13 滚珠式抽屉滑道

柜内活动导轨主要是指衣柜内部的各种侧装推拉式领带架、裤架、鞋架、收纳架等，如图 4.14所示。

图 4.14　侧装推拉式领带架、裤架、收纳架等

其他活动连接五金还有内藏式开门与上翻门的五金件、带滑道的键盘托架、电视机转盘等，如图4.15 所示。

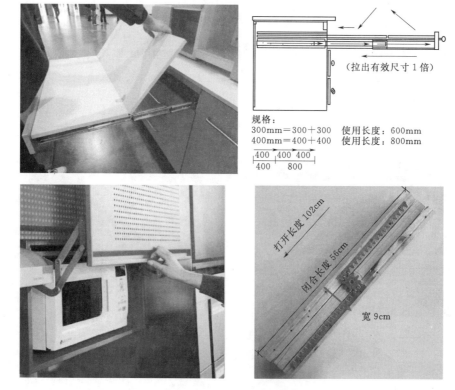

图 4.15　其他活动连接件

4.2.3 其他连接件结构

其他连接件主要有各种搁板支承件，其作用是支撑搁板，并使搁板的高度位置可调节，达到柜体内部空间按用途要求作变化的目的。按被支承的搁板材料分，搁板支承有木质板件支承件和玻璃板件支承件两种，如图 4.16 所示。

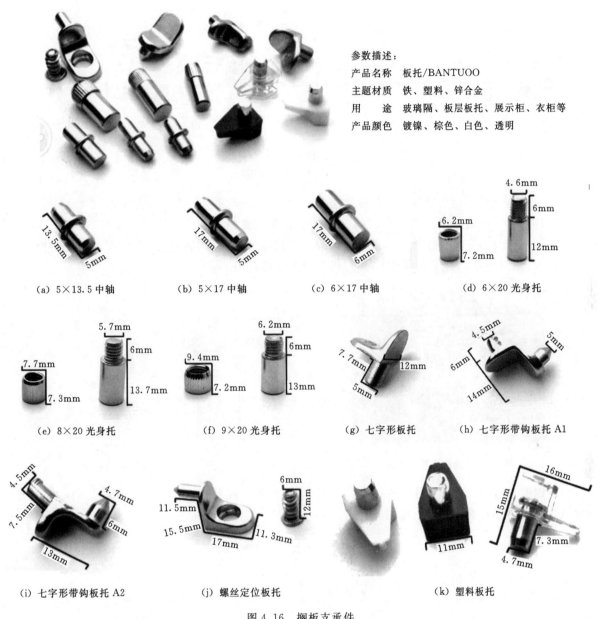

参数描述：
产品名称　板托/BANTUOO
主题材质　铁、塑料、锌合金
用　　途　玻璃隔、板层板托、展示柜、衣柜等
产品颜色　镀镍、棕色、白色、透明

(a) 5×13.5 中轴　　(b) 5×17 中轴　　(c) 6×17 中轴　　(d) 6×20 光身托

(e) 8×20 光身托　　(f) 9×20 光身托　　(g) 七字形板托　　(h) 七字形带钩板托 A1

(i) 七字形带钩板托 A2　　(j) 螺丝定位板托　　(k) 塑料板托

图 4.16　搁板支承件

4.3　柜类家具结构设计

柜类家具，无论是衣柜、食品柜、书柜，或是写字柜等，都是由顶（面）板，底板（脚盘）旁板、隔板、搁板、背板、抽屉、门板等部件彼此采用不同的接合方式装配而成。柜类家具的类型主要有衣柜、床头柜、书柜、食品柜、陈列柜、床头柜、梳妆柜、电视机柜等多种。

4.3.1　柜类的基本形式及柜体装配结构

柜类家具的面板高于视平线（约为 1600mm）称为顶板，低于视平线的称为面板。顶板或面板可采用框架嵌板或是拼板、覆面实心板、覆面空心板等。顶板或面板与旁板有两种接合形式：一种是安装在旁板的上面，另一种是安装在两旁板之间。

4.3.2　旁板与顶板（底板）的接合

以下详细介绍旁板与顶（面）板、底板的基本接合结构。

（1）以圆榫定位，用紧固连接件或木方条与木螺钉及螺栓接合，如图4.17所示。此种接合方法，简单经济，稳定可靠，并能反复拆装。但连接件凸出在板件表面，对美观有所影响。

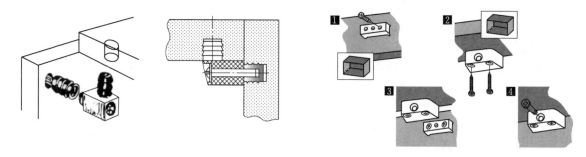

图4.17　紧固连接件连接

（2）以圆榫定位，用角尺连接件与螺钉接合，如图4.18所示。其优缺点基本与图4.17相同。

（3）用螺栓、螺母连接（因装配后如一把锤子嵌在家具中，故称为锤子连接件），如图4.19所示。因螺钉螺母具有定位与连接的双重作用，故不需用圆榫定位。其结构简单牢固，反复装拆方便，成本低。但因螺栓的帽头外露，对旁（顶）板外观美有所影响。

图4.18　角铁连接件连接

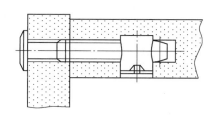

图4.19　锤子连接件连接

（4）以圆榫定位，用偏心连接件接合，如图4.20所示。此种连接件安装技术较复杂，但反复装拆方便、迅速，不影响外观美，应用较普遍。

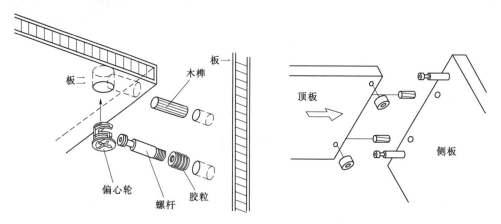

图4.20　偏心连接件连接

4.3.3　背板的装配结构

背板能将旁板、顶板、底板、搁板连接成为一个牢固的整体结构。后背板装配结构，可以为裁口嵌板结构或背板装槽榫嵌板结构，如图4.21（a）所示。裁口嵌板结构便于拆装，应用广泛。槽榫嵌

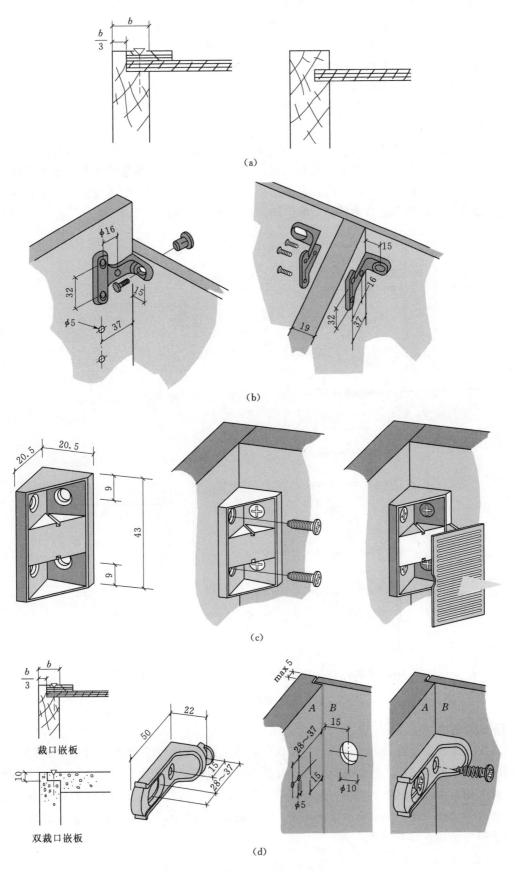

图 4-21 背板的装配结构（单位：mm）

板结构不能拆装，采用相对较少。背板可为胶合板、纤维板或嵌实木拼板。

（1）背板可用三层胶合板或用 3～5mm 厚硬质纤维如图 4.21（b）所示，也可用实木拼板。对于不靠墙摆放的柜子，其背板容易被碰撞且要求美观，可用覆面板制作。

（2）安装好的背板，其侧面不可外露，以免影响美观。

（3）裁口嵌板适用于薄背板，方法简便，最为常用。旁板裁口深度为背板与其压条厚度之和。压条用宽度为 25～40mm 胶合板、纤维板条或实木板条均可。

4.3.4 搁板的安装结构

搁板为水平设置于柜体内的板件，以作为柜的水平分隔，用于放置物品。其厚度为 16～25mm，搁板安装在旁板之间，安装方式有固定式与可调式两类。固定式是指搁板安装后一般不可拆装，一般以实木条、圆棒榫或金属销作为固定档，紧固在两个旁板上；可调式一般是用金属或塑料等为活动构件。其优点是可根据需要来调节搁板的高度空间，如图 4.22 所示。

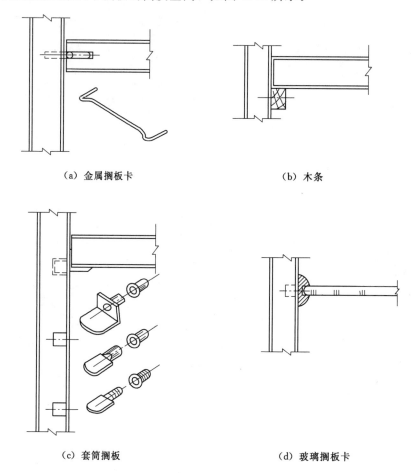

（a）金属搁板卡　　　　　　　　　（b）木条

（c）套筒搁板　　　　　　　　　（d）玻璃搁板卡

图 4.22　搁板的安装结构

4.3.5 柜脚架结构

在家具中，脚架是承载最大的部件。它不仅在静力负荷作用下需平稳地支撑整个家具，而且要求正常使用时具有足够的强度，并在遇到某种突如其来的动载荷冲击下也有一定的稳定性。例如柜子被水平推动时，结构节点小到产生位移、翘坏或柜体错位变形。其式样还要与柜体整体造型相适应。因此，脚架在家具设计中是十分重要的组成部分。家具的脚架可归纳为亮脚型结构、包脚型结构、塞角型结构和装脚型结构等基本类型。

4.3.5.1　亮脚

1. 亮脚的概念与特点

所谓亮脚架，是由三只或三只以上独立的脚跟若干根牵脚档连接成一体的框架部件，一般由四只

脚接合成方框形结构，属于框架结构，又称框架型脚架，其接合方式详见前面章节中的榫接合，如图
4.23 所示。

图 4.23　亮脚结构

　　亮脚造型千变万化，是家具整体造型的主要构件，可以具有很高的艺术观赏性。根据亮脚的脚形
是否弯曲，可分为直脚和弯脚两大类型。弯脚大多装于柜底板或椅、凳、台、几的面板的四边角，以
使家具有较好的稳定感。直脚往往稍收藏于柜底板或椅、凳、台、几的面板内，使家具造型显得轻
快。直脚常带有一定锥度，一般是上大下小，并向外微张，可产生既稳定又活泼的感觉。直脚有方尖
脚和各种圆锥脚；弯脚变化较大，多为仿动物的脚或头冠形状。

　　2. 亮脚与底板的接合

　　装配时，先将旁板与底板按上述方法接合好，再以圆榫定位，用木螺钉接合，将亮脚型脚架跟底
板进行接合。若脚架的望板宽度超过 50mm 时，由望板内侧打螺钉斜孔，用木螺钉从孔中穿出拧入
底板固定；若望板宽度小于 50mm 时，由望板下面向上打螺钉直孔，用木螺钉从孔中穿出拧入底板
固定；若脚架上方有复条，先用木螺钉将复条固定于望板上，并在复条上钻出螺杆孔，然后用木螺钉
穿出螺杆孔将脚架固定在底板上。

4.3.5.2　包脚

　　1. 概念与特点

　　包脚型属于箱框结构，又称箱框型脚，一般是由三块或三块以上的木板接合而成，通常由四块木
板接合成方形箱框。包脚型的底座能承受巨大的载荷，显得气派而稳定，应用较为广泛。通常用于存
放衣物、书籍和其他较重物品的大型家具。但是包脚
型底座不便于通风透气和清扫卫生。为了柜体放置在
不平的地面上时能保持稳定，在脚的底面中部切削出
高 20～30mm 的缺口。这样也有利于包脚下面的空气
流通，如图 4.24 所示。

　　2. 包脚跟底板的接合

　　首先在箱框型包脚盘的上表面胶钉一薄板框架，
并使薄板伸进箱框型包脚盘中约 10mm；再在伸进

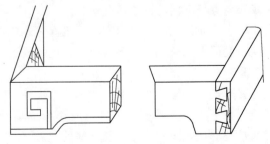

图 4.24　包脚结构

部分钻出若干个木螺钉孔；然后将旁板与底板按上述方法接合好；最后用木螺钉从箱框型包脚盘上薄板框架的孔中穿出，拧入柜底板使之牢固接合，如图 4.25（a）所示。另一种形式的旁板与底板接合后再与包脚接合，如图 4.25（b）所示，使旁板与底板按上述方法接合好，然后在包脚的周边板上钻出若干个圆孔，装配时用木螺钉从圆孔中穿出，分别拧入旁板与底板下面，使之牢固接合即可。

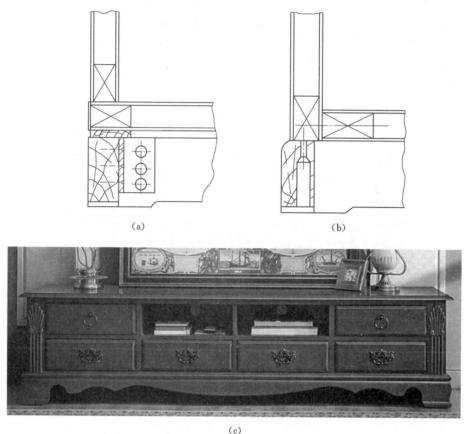

(a)   (b)

(c)

图 4.25　包脚跟底板的接合

4.3.5.3　旁板落地式脚

以向下延伸的旁板代替柜脚，两"脚"间常加望板连接，以提高强度与美观性。望板需略微凹进。旁板落地处需前后加支持垫，或中部上凹，以便稳放于地面，如图 4.26 所示。

4.3.5.4　塞角

仅由两块短板借助全隐燕尾榫、半隐燕尾榫、圆榫、穿条与塞角接合而成的独立的脚。也分为斜角接合与直角接合两种。使用时，分别安装在柜子底板的四个角上，与柜子的底板连成一体，如图 4.27 所示。使用时先将旁板与底板按上述方法接合好，再一块加工成型的短木板件，以圆榫定位，用木螺钉接合，安装在旁板内侧与底板下面的前缘，便构成一塞脚。如图 4.27（b）和图 4.27（c）所示，同样按上述方法，将旁板与底板按上述方法接合好，再以圆榫定位，用木螺钉接合，将塞脚装在底板与旁板下面的四角即是。

柜子前面的塞脚一般用全隐燕尾榫与塞角进行接合，也可用圆榫或穿条与塞角接合。柜子后面的塞脚一般用半隐燕尾榫与塞角接合，也可用圆榫与塞角接合。

4.3.5.5　装脚

装脚是一个独立的亮脚，彼此不需要用牵脚档连成脚架，而是直接安装在柜子的底板下或桌、几的面板下，在现代柜类家具中应用较为广泛。当装脚比较高时，通常将装脚做成锥形，这样可使家具整体显得轻巧美观。当脚的高度在 700mm 以上时，为便于运输和保存，宜做成拆装式装脚。

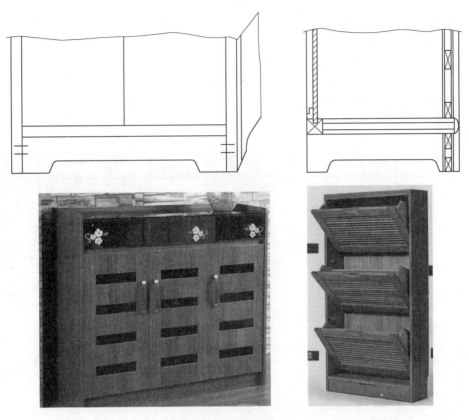

图 4.26 旁板落地式脚

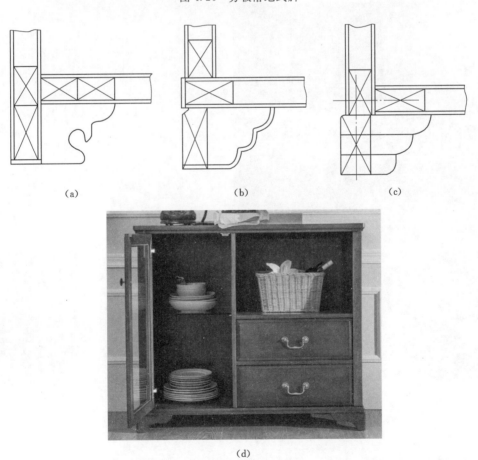

(a)   (b)   (c)

(d)

图 4.27 塞角

装脚可用木材、金属或塑料制作，用木螺钉安装在底板上。这样可以提高运输效率，但移动柜体时用力不能过猛，必须小心，以免遭受损坏。

装脚跟底、面板的接合方法如下。

（1）用榫接合较短的实木装脚，常用榫接合［图 4.28（a）］，即在脚的上端开出榫头使之跟底面（面板）的榫眼接合，并用木螺钉加固。有的木脚也可通过螺钉与底板进行接合固定［图 4.28（b）］。

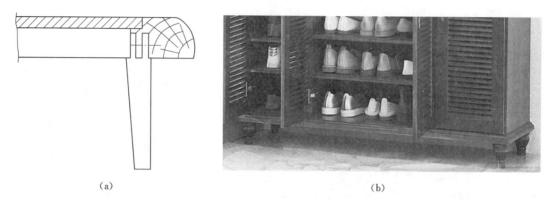

(a)   (b)

图 4.28 木装脚与底座的固定

（2）用金属连接件接合。对于较长较大的亮脚，可用金属板、金属法兰套筒，借助倒刺螺母连接件进行接合，如图 4.29 所示。此种方法简单可靠，并便于拆装。

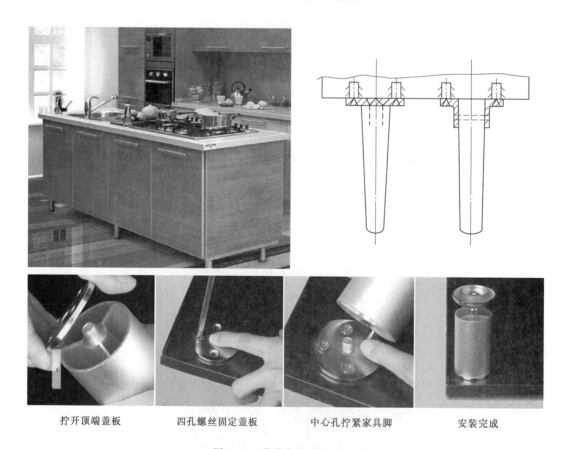

拧开顶端盖板　　　　四孔螺丝固定盖板　　　　中心孔拧紧家具脚　　　　安装完成

图 4.29 装脚与底座的固定

（3）各种类型的橡胶装脚。如万向转轮型橡胶脚、万向球型脚等，应用十分广泛。这种家具的装脚，移动轻便，稳定可靠，颇受用户欢迎。

4.3.6 抽屉结构

抽屉是家具中的重要部件，有明抽屉和暗抽屉之分。前者的面板显露在外面，后者是安装在柜门的里面。抽屉是由屉面板、屉侧板、后挡板形成箱框，并在屉侧板、屉面板下部内侧的槽中插入屉底板构成。抽屉需承重，应牢固的接合。屉面板与屉侧板常采用圆榫、连接件、半隐燕尾榫接合等，如图4.30所示。屉侧板与屉后板接合常采用直角多榫、圆榫、连接件接合等。抽屉可由木材、覆面细木工板、覆面刨花板、覆面纤维板来制作。抽屉底板一般采用较薄的胶合板硬质纤维板等材料制成。

图 4.30 抽屉面板与侧板间连接

抽屉的常见结构如图4.31所示，侧板与面板用偏心件连接，底板插槽。通常情况下所用板件材料规格为：抽面板18mm，侧板、后挡板12mm，底板5mm，其外形规格尺寸设计参照标准单元柜体确定。

抽屉的安装结构，主要有以下两种。

(1) 滚珠或滚轮滑道的安装结构。用木螺钉将滚珠或滚轮的阴、阳滑道，固定在柜旁板（或隔板）与屉旁板上即可，如图4.32所示。这类抽屉滑道开关极其灵活、轻巧，应用日益广泛，早已实现专业制造。

(2) 木条与搁板组成的滑道结构。在旁板

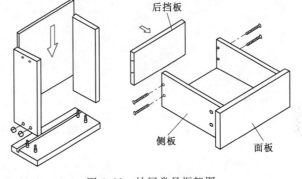

图 4.31 抽屉常见框架图

（或隔板）侧面安装方木条与柜的搁板形成抽屉滑道，方木条用圆榫定位，用螺钉紧固。此方法多用于暗抽屉的安装，比较经济。

4.3.7 门页结构及接合方式

4.3.7.1 柜门的类型

柜门主要可分为开门、移门、翻板门和卷门4种，都应要求尺寸精确，关闭严密，以防止灰尘进入柜内。并要求具有足够的强度，形状稳定，开关灵活。下面介绍这几种柜门的安装结构。

4.3.7.2 开门的安装结构

绕垂直轴转动而开、关的门称为开门，门的开启位置如图4.33所示。开门安装、使用方便，应用普遍。根据开门跟旁板的配合方式不同可分为全盖、半盖、嵌门三种。门盖住旁板前梃的称为盖门，将旁板全部盖住的称为全盖，只盖住一半的称为半盖。门嵌入旁板之内的称为嵌门。

门的开启程度跟所用的铰链有关，为使用不同铰链的门开启的位置。安装开门的铰链有多种，需合理选用，除考虑美观、成本外，尚有门扇的开启度，即开启后的位置。不同的铰链有不同的安装结构。

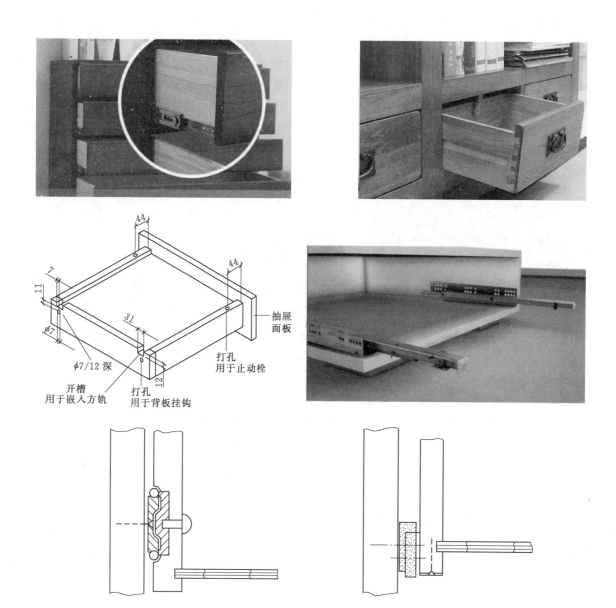

图 4.32　抽屉滑道及安装结构

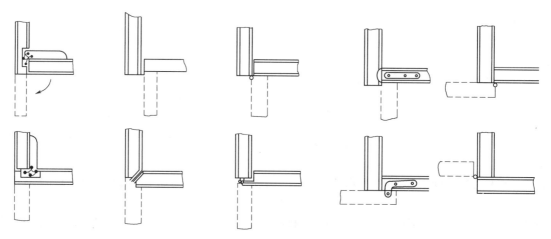

图 4.33　门的开启位置

1. 合页铰链安装门的结构

合页铰链是使用较早、较普遍的一种铰链，有长铰链与普通铰链之分。长铰链跟所要安装门的高度相等，每扇门只需安装一个，其主要目的是起装饰作用。普通铰链的长度一般为40～60mm，如图4.34所示。

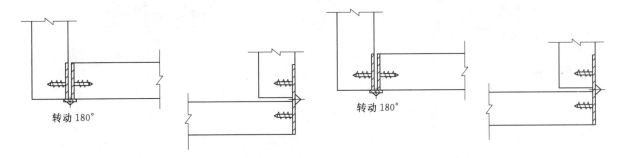

图4.34 普通铰链安装

2. 杯状暗铰链安装门的结构

（1）杯状暗铰链是近年来广泛应用的开门铰链，具有安装快速方便、便于拆装和调整，隐蔽性好等优点。杯状暗铰链有直臂、小弯臂、大弯臂之分，分别用于全盖、半盖、嵌门的安装，如图4.35所示。杯状弹簧铰链安装后不外露，不影响美观，门关闭后不会自动开启，并可调整门的安装误差，如图4.36所示。

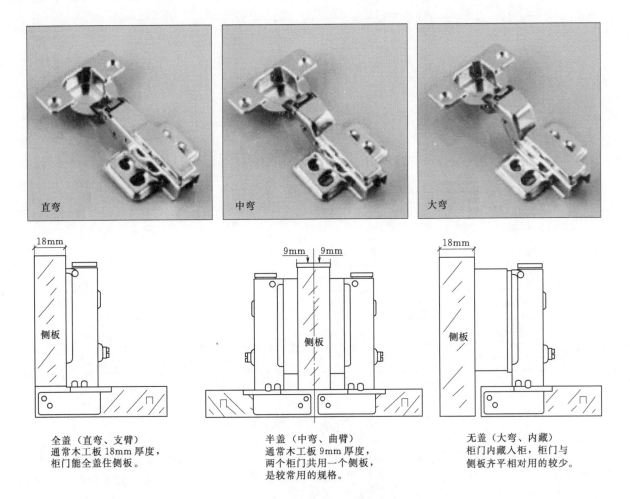

图4.35 暗铰链的三种安装方式

三维调节理想位置

三维调节之垂直调节
调节铰链底板上的螺丝"C"可以校正门板的垂直及上下间隙。

图 4.36　暗铰链的调节方式

（2）开门上安装的暗铰链数量。开门上安装暗铰链的数量与门的高度、重量有关，它们之间的关系如图 4.37 所示。

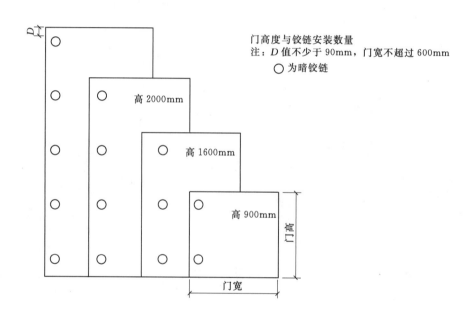

门高度与铰链安装数量
注：D 值不少于 90mm，门宽不超过 600mm
○ 为暗铰链

每扇门所需铰链的数量（板厚 19mm）参照密度：750kg/m³

高度 ＼ 数量	2个	3个	4个	5个
900mm	✔			
1600mm		✔		
2000mm			✔	
2400mm				✔

图 4.37　门高度与暗铰链的数量

（3）杯状暗铰链的安装尺寸及技术参数。各厂家提供的暗铰链类型不同，安装尺寸及技术参数也会有所不同，实际设计中以选定的暗铰链类型为准。如海福乐 HAFELE 液压加厚橱柜柜门——厚门阻尼铰链安装尺寸与技术参数见图 4.38 与图 4.39 和表 4.2。

安装尺寸图　　　　　　　　　　　　铰杯安装孔位图

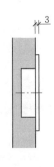
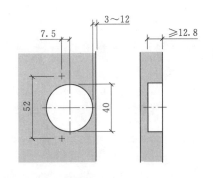

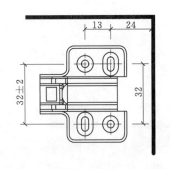

型号	315.98.550	表面处理	高防腐电镀，镀镍亚光
材质	钢质	安装方式	螺钉固定

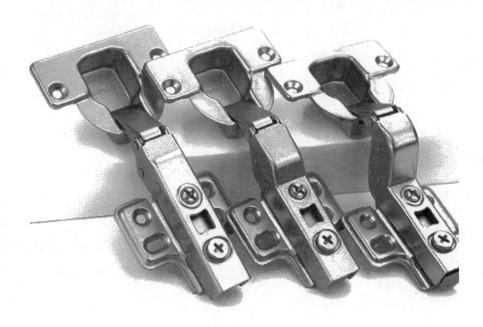

图 4.38　暗铰链孔位尺寸图

全盖门铰

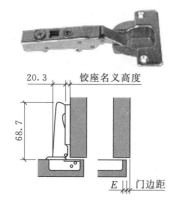

20.3 铰座名义高度
68.7
E 门边距

• 铰臂：				直臂				

门盖距/mm								
15	16	17	18	19	20	21	22	23	
				3	4	5	6	7	0
		3	4	5	6	7			2
3	4	5	6	7					4
铰杯边距 E/mm				铰座名义高度/mm					

铰杯固定	产品编号
螺丝固定	315.10.800

包装：1 件

半盖门铰

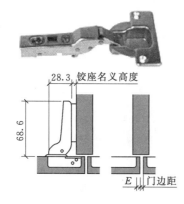

28.3 铰座名义高度
68.6
E 门边距

• 铰臂：				曲臂				

门盖距/mm								
7	8	9	10	11	12	13	14	15	
				3	4	5	6	7	0
		3	4	5	6	7			2
3	4	5	6	7					4
铰杯边距 E/mm				铰座名义高度/mm					

铰杯固定	产品编号
螺丝固定	315.10.801

包装：1 件

大弯门铰

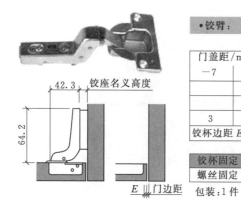

42.3 铰座名义高度
64.2
E 门边距

• 铰臂：				曲臂				

门盖距/mm								
−7	−6	−5	−4	−3	−2	−1	0	
				3	4	5	6	0
		3	4	5	6	7		2
3	4	5	6	7				4
铰杯边距 E/mm				铰座名义高度/mm				

铰杯固定	产品编号
螺丝固定	315.10.802

包装：1 件

图 4.39 海福乐 HAFELE 液压加厚橱柜柜门——厚门阻尼铰链技术参数

表 4.2　　　　　　　　　　　　　　最小门边距及最小门间隙要求

门板厚度/mm	铰杯边距 E/mm					门板厚度/mm	铰杯边距 E/mm				
	3	4	5	6	7		3	4	5	6	7
14	0.3	0.3	0.2	0.2	0.2	14	0.0	0.0	0.0	0.0	0.0
15	0.5	0.5	0.4	0.4	0.4	15	0.0	0.0	0.0	0.0	0.0
16	0.7	0.7	0.6	0.6	0.5	16	0.0	0.0	0.0	0.0	0.0
17	0.9	0.9	0.9	0.8	0.8	17	0.0	0.0	0.0	0.0	0.0
18	1.2	1.1	1.1	1.1	1.0	18	0.0	0.0	0.0	0.0	0.2
19	1.5	1.4	1.4	1.3	1.3	19	0.0	0.0	0.0	0.0	0.3
20	1.8	1.8	1.7	1.6	1.6	20	0.0	0.0	0.0	0.0	0.5
21	2.2	2.1	2.0	2.0	1.9	21	0.0	0.0	0.0	0.0	0.6
22	2.6	2.5	2.4	2.4	2.3	22	0.0	0.0	0.0	0.0	0.8
23	3.2	3.0	2.9	2.8	2.7	23	0.0	0.0	0.0	0.2	1.0
24	3.8	3.5	3.4	3.2	3.1	24	0.0	0.0	0.0	0.3	1.2
25	4.6	4.4	3.9	3.8	3.5	25	0.0	0.0	0.0	0.4	1.3
26	5.3	4.9	4.6	4.4	3.9	26	0.0	0.0	0.0	0.6	1.5

4.3.7.3 翻门的安装结构

绕水平轴转动开、关的门称为翻门，可分为向下翻和向上翻两种，如图 4.40 所示。翻门的宽度一般要大于高度，以方便开、关。其中下翻门较常用，因为它开门后可以兼作临时台面，但需要具有定位机构的专用门头铰链；也可使用上述开门所用的各种铰链来安装，但需用牵筋、拉杆来定位，借以保持门开启后的水平位置。上翻门仅用于高柜上面的门，以方便开、关。

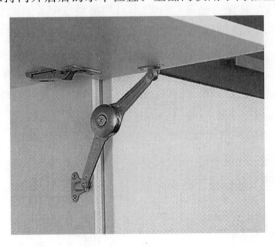

用作上翻支撑时的安装图：

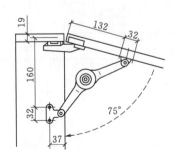

开启角度 75°

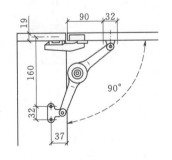

开启角度 90°

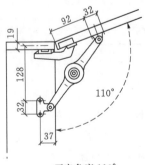

开启角度 110°

图 4.40（一）　翻门及安装尺寸

用作下翻支撑时的安装图：

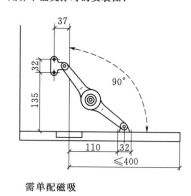

需单配磁吸

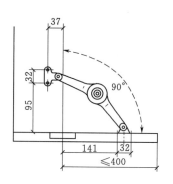

无需单配磁吸
当门板关闭时，柜体内五金与
柜体边缘距离130mm

图 4.40（二）　翻门及安装尺寸

翻板门的设计要点：翻门打开时，常作为陈设物品，梳妆或作写字台面用，故兼作台面用的翻板门最好在打开后跟门里的搁板处在同一个水平面上，以获得宽阔的工作平面。为此，应采用门头铰或专用门头铰，并需设计美观、牢固的封边条，门的正面与背面需具有同等的质量与美观性要求。对于上翻门，开启后不要求保持水平位置，需使用专门带有撑杆的铰链进行安装。

4.3.7.4　移门

1. 移门的安装结构

沿水平滑道左右直线移动而开、关的门称为移门。其优点是移门开启不占柜前的空间，且打开或关闭时，柜体的重心不致偏移，能保持稳定。但每次开启的程度小于柜宽度的一半，多用于各种陈列柜、书柜、文件柜的门。现代的移门多为玻璃门，以便于观看与取放物品。

移门一般在顶板、底板上开槽或嵌入滑轨，也有直接在顶、底板上安装各种滑轨，如图 4.41 所示。轨道槽沟的尺寸，槽的宽度需略大于门的厚度。对较厚的门板（主要为木质门），入槽部分的厚度需小 10mm。移门上面的滑道深度应略大于门下面滑槽深度的两倍，以便安装或取出移门，部分移门安装如图 4.42 所示。移门宜设凹槽式挖拉手，以使两移门能推拉至相互重叠，以方便存取物品。

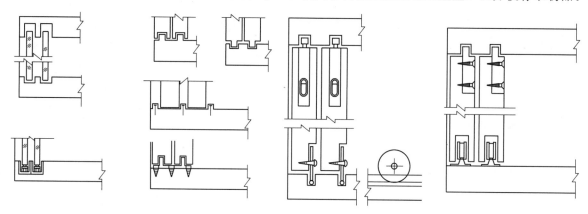

图 4.41　移门形式

2. 移门的设计要点

（1）移门扇数。需同时设置双扇、双轨滑道，以便两扇门都能推、拉，并可将柜实行全严密关闭，如图 4.43 所示。

（2）移门的高度。不宜过高，较高的移门推拉阻力较大，开关不灵活。门的宽高比以 1∶1.2 左右为宜。

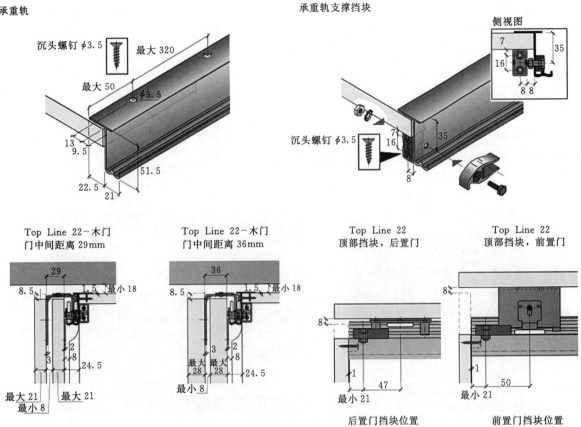

承重轨

沉头螺钉 φ3.5　最大 320

最大 50

φ5.5

13
9.5
22.5
21
51.5

承重轨支撑挡块

侧视图

7
16
35
8 8

沉头螺钉 φ3.5
7
16
35
8

Top Line 22-木门
门中间距离 29mm

29
8.5
1.5　最小 18
2
8
3
24.5
最大 21　最大 21
最小 8

Top Line 22-木门
门中间距离 36mm

36
8.5
1.5　最小 18
3
2
8
最大 28　最大 28　24.5
最小 8

Top Line 22
顶部挡块，后置门

8
8
1
47
最小 21

后置门挡块位置

Top Line 22
顶部挡块，前置门

8
1
50
最小 21

前置门挡块位置

图 4.42　移门结构（单位：m）

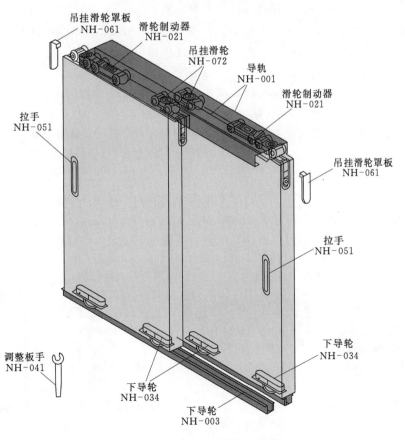

吊挂滑轮罩板
NH-061

滑轮制动器
NH-021

吊挂滑轮
NH-072

导轨
NH-001

滑轮制动器
NH-021

拉手
NH-051

吊挂滑轮罩板
NH-061

拉手
NH-051

调整板手
NH-041

下导轮
NH-034

下导轮
NH-034

下导轮
NH-003

图 4.43　双扇移门结构示意图

（3）移门的轨道类型。移门的轨道有多种类型。可在柜的搁板、顶（面）板、底板上直接开槽用作移门的轨道，简便经济，常用于普通家具较轻的移门；若在槽底衬以竹片作垫片，能使移门推拉轻便。较高级的家具宜选用塑料、铝合金以及带有滚珠、滚轮的滑道，这样能有效地减少移门推拉的摩擦力，使之推拉轻便。对于较厚的移门，需在其两端加工出单肩槽榫，其槽榫的厚度需小于10mm，以减少滑槽的宽度。对于高度大于1500mm的重型移门，需要吊轮滑道进行安装。

4.3.7.5　卷门安装结构

可沿导轨槽滑动而卷曲开闭的门称为卷门。可以左右移动开闭，也能上下移动开闭。卷门风格别致，打开时不占据室内空间，又能使柜内全部敞开，但制造技术要求较高，费工费料，成本较高，主要用于高级电视柜、陈列柜等家具，如图4.44所示。

图4.44　木制卷门

卷门的结构多用半圆形木条胶钉在麻布、尼龙布或帆布等织物上制成。木条断面呈半圆形，其直径一般约为15mm。木条之间的间距需小于1mm。木条两端加工成单肩榫，肩榫厚度约为8mm，以减少导轨槽的宽度。这样卷门安装后，可使榫肩遮盖住榫槽边沿，提高美观性。卷门的外侧边的人木条常设计为拉手形，并兼作开启限位装置。

卷门导轨槽的结构在柜体上开有导轨槽，其槽宽需比卷门榫头的厚度大1~1.5mm，导轨槽转弯部分的曲率半径，不能小于100mm，否则移动阻力较大，开关不灵。

卷门的类型卷门分左右开启与上下升启两种，如图4.45所示。左右开启的又分为单扇门、双扇门两种，门扇推入柜内，可呈卷曲状或平伸状，需用胶合板屏蔽，以免影响美观。

卷门的门框结构需设有左右开启的左右门桄，或上下开启的上门桄，借以屏蔽推入柜内的卷门。其门桄通常为在表面上加下出呈半圆形条状的木板，跟卷门的外观基本一致，以提高卷门装饰效果。

卷门的制造材料除木条外，卷门还可用其他材料制造，如PVC、ABS塑料等，塑料卷门是用异型条相互连接组成的，有各种色彩可供选择，但整个卷帘一定要是一个整体。

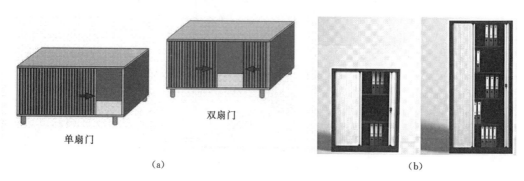

单扇门　　双扇门

(a)　　　　　　　　　　(b)

图4.45（一）　卷门的类型

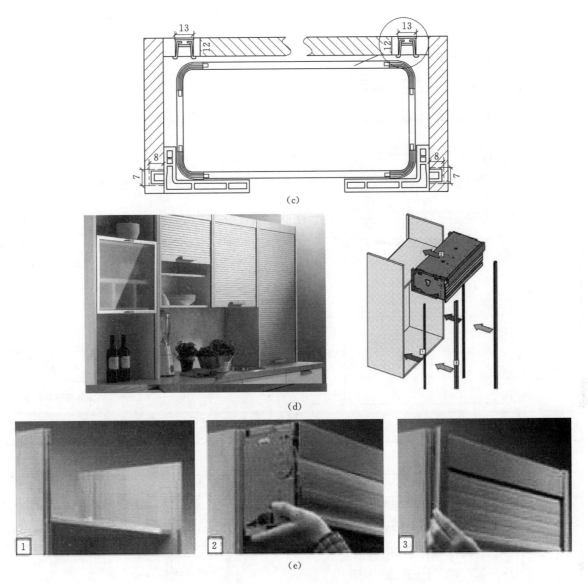

(c)

(d)

(e)

图 4.45（二）　卷门的类型

4.4　柜类家具结构设计实例

本节以相对简单的床头柜设计为例，简要阐述其结构设计流程。

本例中的床头柜为简欧风系列之一，材料为板木结合。大致流程：设计图—结构装配图—局部结构图。纯板式家具结构实例将在"32mm 系统"案例家具设计中阐述。

4.4.1　根据方案绘制设计图

设计概念确立后的方案设计图是设计概念思维的进一步深化，是设计表现最关键的环节，这是在设计草图的基础上整理而成的。本设计图包括了床头柜的 3 个视图，主要表明了床头柜的外部轮廓、大小、造型形态；表明了各零件部件的形状、位置和组合关系；表明了床头柜的功能要求、表面分割、内部划分等内容，如图 4.46 所示。

4.4.2　绘制床头柜结构装配图

设计图出来后，需要根据设计图绘出详细的结构装配图，以供企业生产时使用。图 4.47 所示的结构装配图是床头柜图样中最重要的一种，它能够全面表达床头柜的结构。既能表现床头柜内部结构、装配关系、又能表达清楚部分零件部件形状，尺寸也较详尽。

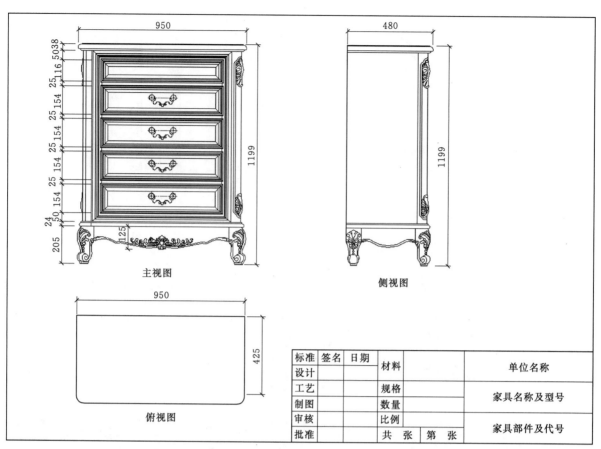

图 4.46　床头柜设计图（单位：mm）

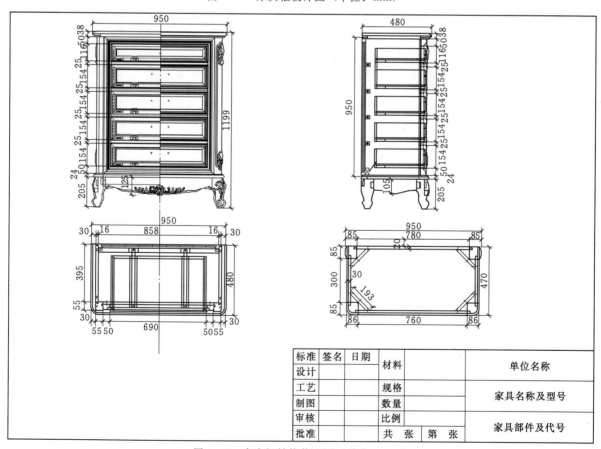

图 4.47　床头柜结构装配图（单位：mm）

4.4.3　绘制局部详图

　　为清楚表示床头柜某个部分的局部结构，可将床头柜或其零部件的该部分结构用大于基本视图或原图形的画图比例画出局部详图，以供企业生产时使用。一般取 1∶1 或 1∶2，床头柜的部分局部详图如图 4.48 所示。

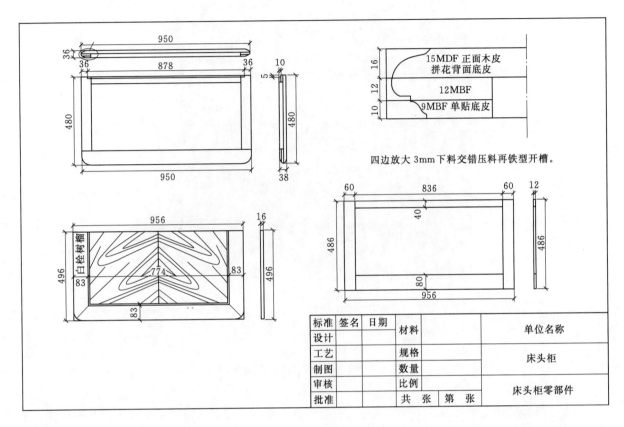

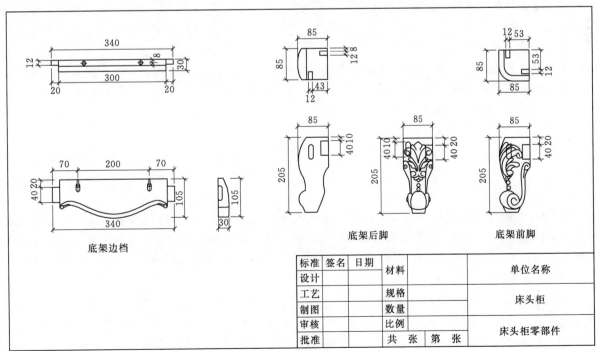

图 4.48　床头柜局部详图（单位：mm）

4.4.4 实物图

根据设计图、装配图及局部详图，最后生产出的床头柜实物如图 4.49 所示。

图 4.49 床头柜实物图

4.5 "32mm 系统"设计

失去了榫卯结构支撑的板式构件的连接需要寻求新的接合方法，这就是采用插入榫与现代家具五金的连接。插入榫与家具五金均需在板式构件上制造接口，最容易制造的接口是槽口，但更具加工效率的是圆孔。槽口可用普通锯片开出，圆孔可通过打眼实现，一件家具需要制造大量接口，所以采用圆孔更为多见，加工圆孔时排钻起着重要作用。要获得良好的连接，对材料、连接件及接口加工工具等都需要综合考虑，"32mm 系统"就此在实践中诞生，并已成为世界板式家具的通用体系，现代板式家具结构设计被要求按"32mm 系统"规范执行。

4.5.1 "32mm 系统"的概念

1. 什么是"32mm 系统"

所谓"32mm 系统"，在欧洲也被称为"EURO"系统，其中 E——essential knowledge，指的是基本知识；U——unique tooling，指的是专用设备的性能特点；R——required hardware，指的是五金件的性能与技术参数；O——ongoing ability，指的是不断掌握关键技术。

"32mm 系统"可以定义为：32mm 它是一种依据单元组合理论，通过模数化、标准化的接口来构筑家具的制造系统。即它是采用标准工业板材、标准钻孔模式来组合成家具和其他木制品，并将加工精度控制在 $0.1\sim0.2$mm 的结构系统，因基本模数为 32mm（相邻两标准钻孔的最小中心距），故定为"32mm 系统"。

"32mm 系统"要求零部件上的孔间距为 32mm 的整倍数，即应使其"接口"都处在 32mm 方格网的交点上，或至少应保证平面直角坐标中有一维方向满足此要求，以保证实现模数化并可用排钻一次打出，这样可提高效率并确保打眼精度。由于造型设计的需要或零部件交叉关系的限制，有时在某一方向上难以使孔间距实现 32mm 的整数倍时，允许从实际出发进行非标设计，因为多排钻的某一排钻头间距是固定在 32mm 上的，而排际之间的距离是可无级调整的。

"32mm 系统"是以 32mm 为模数的，制有标准"接口"的家具结构与制造体系。这个制造体系以标准化零部件为基本单元，可以组装成采用圆榫胶接的固定式家具，或采用各类现代五金件连接的拆装式家具。

2. 为什么要以 32mm 为模数

排钻床的传动分为三种：即带传动、链传动和齿轮传动。其中齿轮传动精度较高，而能一次钻出多个安装孔的加工工具，是靠齿轮啮合传动的排钻设备，齿轮间合理的轴间距不应小于 30mm，如果小于这个距离，那么齿轮装置的寿命将受到明显的影响。

欧洲人长期习惯使用英制为尺寸量度，对英制的尺度非常熟悉。若选 1in（1in＝25.4mm）作为轴间距则显然与齿间距要求产生矛盾，而下一个习惯使用的英制尺度是 5/4in（25.4＋6.35＝31.75），取整数即为 32mm。

与 30mm 相比较，32mm 是一个可作完全整数倍分的数值，即它可以不断被 2 整除（$32＝2^5$）。这样的数值，具有很强的灵活性和适应性。

1 市尺≈333.33mm，1 英尺＝304.8mm，32 的 10 倍即处于 300～350 之间，则亦合拍。

以 32mm 作为孔间距模数并不表示家具外形尺寸是 32mm 的倍数。因此与我国建筑行业推行的 30cm 模数并不矛盾。

"32mm 系统"的精髓便是建立在模数化基础上的零部件的标准化，在设计时不是针对一个产品而是考虑一个系列，其中的系列部件因模数关系而相互关联；核心是旁板、门和抽屉的标准化、系列化。

4.5.2 "32mm 系统"特点

"32mm 系统"融洽了现代设计观念和方法，是在高技术支持下实现的。它有以下几个主要特点：

（1）新概念。引出了"部件即产品"的概念，即它是以单元组合理论为指导，通过对零件的设计、生产、装运、现场装配来完成家具产品。

（2）新方法。采用了没有榫卯结构的平口接口，避免了复杂的结构和工时、材料的浪费。

（3）专门化。它采用板式家具钻孔的方法来实现板与板之间的连接与固定，配件必须具有圆形安装孔相匹配的接口形式。

（4）高精度。高精度和计算机控制的专用机械设备的使用，摆脱了对操作者的技巧、手法、经验和生理以及心理素质的依赖。高精度确定了高品质，可实现零部件的标准化和互换性。当配件上有两个或两个以上的接口时，所有接口的中心应处于同一直线上，且其中心距均以 32mm 为模数。

（5）降低了运输成本。在包装储运上，采用板件包装堆放，有效地利用了储运空间，减少了破损和难以搬运等麻烦。

4.5.3 "32mm 系统"的标准与规范

"32mm 系统"以旁板为核心。旁板是家具中最主要的骨架部件，板式家具尤其是柜类家具中几乎所有的零部件都要与旁板发生关系，如顶（面）板要连接左右旁板，底板安装在旁板上，搁板要搁在旁板上，背板插或钉在旁板后侧，门铰的一边要与旁板相连，抽屉的导轨要装在旁板上等。因此，"32mm 系统"中最重要的钻孔设计与加工也都集中在旁板上，旁板上的加工位置确定以后，其他部件的相对位置也就基本确定了。柜类家具的柜体框架一般是由顶底板、侧板、背板等结构部件构成，而活动部件，如门、抽屉和搁板等则属功能部件。门、抽屉和搁板都要与侧板连接，"32mm 系统"就是通过上述规范将五金件的安装纳入同一个系统。所以通过排钻（板式家具生产的必备设备）在侧板上预钻孔，也就是系统孔，用于所有"32mm 系统"五金件的安装，如铰链底座、抽屉滑道和搁板支承等。

旁板前后两侧各设有一根钻孔轴线，轴线按 32mm 的间隙等分，每个等分点都可以用来预钻安装孔。预钻孔可分为结构孔与系统孔，前者是形成柜类家具框架体所必须的接合孔，主要用于连接水平结构板；系统孔用于铰链底座、抽屉滑道、搁板等的安装。两类孔的布局是否合理，是"32mm 系统"成败的关键。由于安装孔一次钻出供多种用途用，所以必须首先对它们进行标准化、系列化与通用化处理。

4.5.3.1 国际上"32mm系统"基本规范

（1）所有旁板上的预钻孔（包括系统孔与结构孔）都应处在间距为"32mm系统"的方格坐标网点上，一般情况下结构孔设在水平坐标上，系统孔设在垂直坐标上，如图4.50所示。

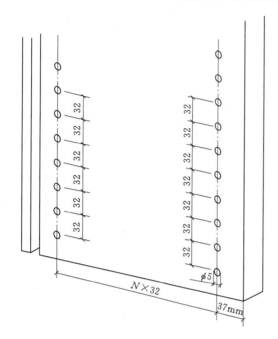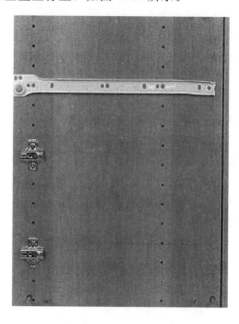

图4.50　旁板上的系统孔与结构孔

（2）通用系统的轴线分别设在旁板的前后两侧，一般以前侧轴线（最前边系统孔中心线）为基准轴线，但实际情况由于背板的装配关系，将后侧的轴线作为基准更合理，而前侧所用的杯形门铰是三维可调的。若采用盖门，到前侧轴线到旁板前边的距离应为37mm或28mm加厚门。前后侧轴线之间均应保持32mm整数倍的距离。

（3）通用系统孔的标准孔径一般为5mm，深为13mm。

（4）当系统孔为结构孔时，其孔径按结构配件的要求而定，一般长用的孔径为5mm、8mm、10mm、15mm、25mm等。有了这些规定，就使得设备、刀具、五金配件的生产都有了一个共同遵照的接口标准，对孔的加工与家具的装配也就变得十分简便灵活了。

以最常用的托底滑轮式道轨为例，道轨由两部分组成，与旁板相接的部分有三种类型的孔，分别为自攻螺钉孔、欧式螺钉孔及便于调节上下位置的椭圆形孔。安装孔的位置均按"32mm系统"设置，第一个孔，离导轨端部26mm，第二个孔离导轨端部35mm，加上2mm的安全间隙（防止导轨头冒出旁板边缘），刚好适合"32mm系统"28mm或35mm靠边距的系统安装孔，其他的孔距也均为32mm或其倍数，如图4.51所示。与抽屉相接的部分，用自攻螺钉钉于抽屉侧板底部。在进行抽屉设计时，必须注意，抽屉侧板与柜旁板之间必须有12.5mm的间隙；且面板的第一个抽屉，必须保证屉桶与面板之间有最小16mm的间隙。

4.5.3.2 系统孔

系统孔一般设在垂直坐标上，分别位于旁板前沿和后沿，如图4.51所示。若采用盖门，前轴线到旁板前沿的距离（K）为37（或28）mm；若采用嵌门或嵌抽屉，则应为37（或28）mm加上门板的厚度。后轴线也按同原理计算。前后轴线之间及其辅助线之间均应保持32mm整数倍距离。通用系统孔孔径为5mm，孔深度规定为13mm，当系统孔用作结构孔时，其孔径根据选用的配件要求而定，一般常为5mm、8mm、10mm、15mm、25mm等。

"32mm系统"的标志之一是旁板上的系统孔，不少人对在旁板上打满系统孔不理解，认为只在需要的位置打孔；还有人认为不美观，甚至怀疑影响强度。"32mm系统"的精髓是旁板的系统孔，

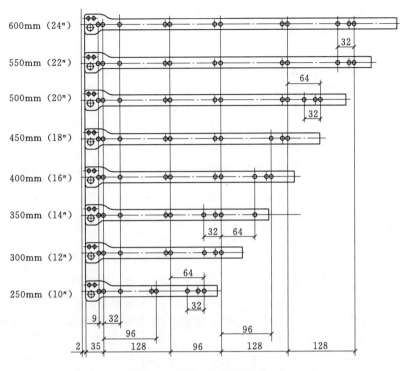

图 4.51　适合 32 系列抽屉滑轨

其作用主要可准确定位、提高效率、增加接合强度。

系统孔的作用首先是提供安装五金件的预钻孔。如不预钻系统孔，旁板不能通用，门抽屉也不能互换，安装抽屉滑道和门铰链需依靠工人手工画线后再手电钻打眼，不但效率低，而且往往造成人为误差，影响后续安装工序的精确性和组装后的产品质量。现在家具的服务是上门安装，是否能快速、高质地安装到位是建立信誉的关键。不能否认柜体旁板上的预钻孔也有加工误差，但这一误差一般在五金件的可调节范围内（铰链可三维调节，滑道可上下调节）。同时，在预钻孔内预埋膨胀管，再拧入紧固螺钉，可避免因某些人造板的握钉力不强而影响连接强度，且能够多次反复拆装。

4.5.4　"32mm 系统"设计原则

设计应遵循标准化、模块化、牢固性、工艺性、装配性、经济性、包装性等"二化五性"原则，具体内容简要说明如下。

1. 标准化原则

标准化原则是指设计时应考虑家具的整体尺度、零部件规格尺寸、五金连接件、产品构成形式、接合方式与接合参数的标准化与系列化问题。尽可能让家具的整体尺度、零部件形成一定的规格系列或是通用。最大限度地减少家具零部件的规格数量，给简化生产管理、提高生产效率、降低成本等提供条件。

2. 模块化原则

模块化的基础是标准化，但又高于标准化。标准化注重对指定的某一类家具的零部件进行规范化、系列化处理，而模块化除了要做标准化的工作外，还要跳出指定的某一类家具这一圈子在更大的范围内甚至是在模糊的范围内去寻求家具零部件的规范化、系列化。模块化原则就是先淡化产品的界线，以企业现在开发的所有家具产品及可预计到的未来开发的家具产品中的零部件作为考察对象，按零部件物理特征（材料、规格尺寸、构造参数）来进行归类、提炼，通过反复优化后形成零部件模块库。设计产品时在模块库中选取 N 个模块组合成家具产品。考虑到仅依赖标准的零部件模块库可能难以完成在外形与功能上要求多变的家具产品设计，一般可以采用以标准模块库的零部件为主，配上非标准模块库的零部件的方法完成家具产品开发。标准模块库是动态的，其中的少数模块可能要被修改、扩充甚至淘汰而非标准模块库的少数模块也有可能被升级为标准模块。

3. 牢固性原则

牢固性原则即力学性能原则，就是要求家具产品的整体力学性能满足使用要求。家具的整体力学性能受基材与连接件本身的力学性能、接合参数、结构构成形式、加工精度、装配精度与次数等诸多因素的影响。但在设计阶段应注意原材料与连接件的选用、结构构成形式的确定、接合参数的选取三个问题。显然原材料与连接件的品质直接决定家具的整体力学性能。在着手设计时，首先必须根据家具产品的品质定位、使用功能与要求、受力情况等选取原材与连接的品质与规格。家具的结构构成形式与接合参数的是否合理同样对家具的整体力学性能会产生大的影响，必须谨慎对待。

4. 工艺性原则

除极少部分的艺术家具外，绝大部分的家具产品属工业产品范畴，设计必须遵循工艺性原则。所谓工艺性原则就是要求在设计时充分考虑材料特点、设备能力、加工技术等因素让设计出的家具便于低成本、低劳动、低能耗、省材料、高效率地制造。

5. 装配性原则

为了便于家具产品的库存、流通等，板式家具一般为拆装式或待装式结构。装配性原则就是要求在确保家具产品的功能和力学性能等的前提下，科学简化结构。让家具的装配工作简便快捷、少工具化、非专业化。如果一件家具各方面都不错，但需要带上一大堆的专用装配工具，再在客户处花费几小时甚至一整天的时间装配，那么，不但装配成本很高，恐怕再也没有客户敢第二次买这类家具了。目前市面上的拆装家具几乎都要依赖专业安装人员安装真正的自装配家具很少见到，如果结构能简化到非专业人员也能正确安装，就可将家具的安装成本降低到最低。

6. 经济性原则

经济原则是指在保证家具产品品质的前提下，以最低的成本换取最大的经济利益。具体地说可以从提高材料利用率；简化结构与工艺；贯彻标准化、系列化、模块化设计思想等方面着手降低设计阶段能决定的产品成本。另外，对经济性的理解还不能仅仅停留在企业的直接经济性上，还要放眼于整个社会，注重企业与社会的综合经济效益。要做到这一点有不小的难度但还是要大力提倡。

7. 包装性原则

由于家具的品种、材料、形态、结构以及配送方式的差异对包装的要求也不尽相同。在结构设计时除了要考虑上述几个原则外，还要考虑包装这一因素使最终产品的包装既经济、绿色又符合库存与物流要求，这就是包装性原则。

4.6 "32mm 系统" 家具设计实例

在讨论了"32mm 系统"理论与设计准则后，以文件柜为例，对"32mm 系统"家具的设计与结构细节再进一步进行分解，使大家对"32m 系统"有一个较直观的、全面的认识。作为本节案例的办公用文件柜，由左右旁板、中竖板、木门板、玻璃门板、顶板、底板、横隔板、活动层板、踢脚板、背板、等标准板件组成，如图 4.52 所示。

"32mm 系统"设计的步骤是：功能尺寸确定→结构分析→系列板块设计。下面简要阐述其设计流程。

4.6.1 功能尺寸确定

此文件柜为中柜，因此首先要确定中柜功能尺寸的范围，它由中柜功能的两个方面决定，即储存物品和方便使用者取入，由此初步确定中柜的宽、深、高三维功能尺寸约为 $1600 \times 420 \times 1240$（$W \times D \times H$），精确的尺寸按结构形式和"32mm 系统"设计要求进行调节。

4.6.2 结构形式

本文件柜的基本构成采用顶板盖住旁板，底板在两旁板之间，下部安装有裙板，结构采用偏心连接件连接并辅以圆棒榫定位。柜体全部由可拆分的板件构成，采用可拆装连接方式，主体采用偏心连接件连接，旁板上钻5mm通孔；所有的板件采用中密度纤维板（或刨花板）作基材，面贴薄木，实木封边。

4.6.3 标准系列板块设计

为了便于看图，本例设计中对板材厚度进行了统一规定（各板件已经饰面和封边）：旁板、底板、搁板、门板、脚架等板件的厚度统一定为19mm；柜体背板采用五夹板，厚度为5mm。另外对连接构件也进行了统一，柜体中定位用圆棒榫，统一规格为$\phi 8mm \times 32mm$；接合用偏心连接件，规格统一为：偏心轮$\phi 15mm \times 13mm$，对应连接螺杆直径为$\phi 8mm$，偏心轮装配孔中心至板边的距离为34mm，预埋螺母为$\phi 10mm \times 13mm$。

图4.52　文件柜

1. 旁板高度的确定

本例采取系统孔和结构孔分开安排的方法。旁板高度设置以"32mm系统"理论为基础，考虑储物功能，并结合人体工程学及板材（规格2440mm×1220mm）长度方向的出材利用率，确定此中柜旁板的统一高度为1205mm，如图4.52所示。计算依据：384×2（高1）＋352（高2）＋75（踢脚线高）＋10（孔位上偏9）＝1205mm；根据这样的板块排孔设计，内部空间高度可以分别满足档案文件的高度需要，且内部搁板为活动搁板，可根据需要灵活放置。

2. 旁板宽度的确定

国际标准规定在"32mm系统"中，前排系统孔距旁板前沿距离，盖门为37mm，嵌门为（37mm＋门厚）。本文件柜为盖门，根据对称设计原则，旁板宽度为：$37mm \times 2 + 32n$（n为整数），结合柜体深度尺寸，计算出旁板宽度为394mm，如图4.53所示。

3. 门系列尺寸的确定

根据旁板的高度及孔位的布置，本例中外盖式文件柜柜门下沿与中间固定搁板中心孔位对齐，上沿与顶板之间缝隙为2mm，如图4.54所示，高度计算公式：384×2＋352－2＝1118mm；根据造型需要，宽度设置为395mm（与旁板尺寸接近及板材最大化利用）。

4. 门上铰杯孔位的确定

因门的下边对应系统孔，而铰杯孔与装铰座的两系统孔的中心在一条线上，所以铰杯孔的中心距门边为$32n+16$，在本例中，木门下铰杯孔中心距门下沿：32×4＋16＝144mm。木门上铰杯孔中心距门上沿：32×4＋16－2（2mm间隙）＝142mm，如图4.54所示。

5. 顶板

顶板如图4.55所示。顶板采用空心板件，实木封边，用圆榫定位，偏心连接件与内旁板接合。

6. 底板

底板零件图如图4.56所示。

7. 活动层板

活动层板规格为962mm×350mm×18mm，采用18mm三聚氰胺板，如图4.57所示。

8. 踢脚板

踢脚板零件图如图4.58所示。踢脚板直接采用圆榫与内旁板接合。

4.6.4 成品三视图及尺寸

最终的三视图及尺寸如图4.59所示（根据"32mm系统"设计要求进行调节后的精确尺寸）。

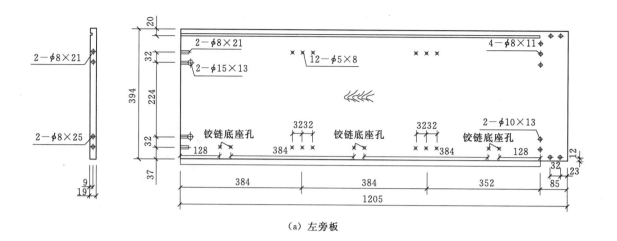

（a）左旁板

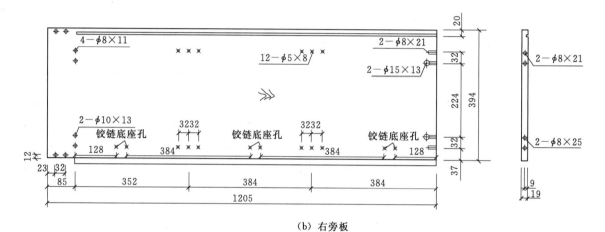

（b）右旁板

图 4.53 左右旁板孔位图（单位：mm）

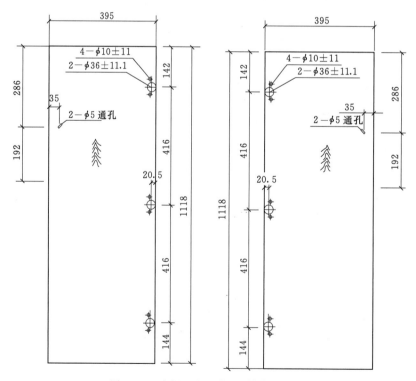

图 4.54 木门（左、右）（单位：mm）

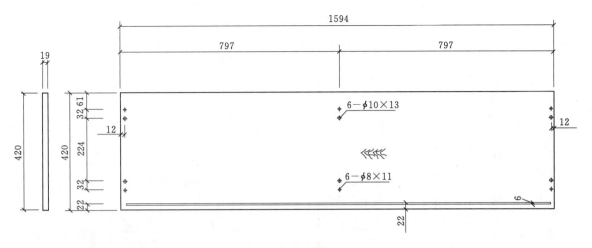

图 4.55 顶板（单位：mm）

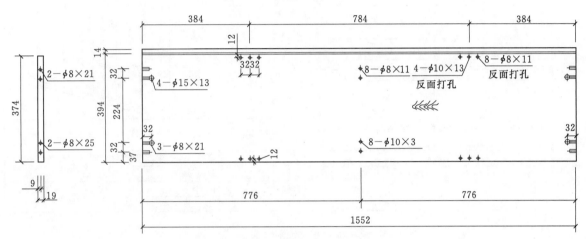

图 4.56 底板（单位：mm）

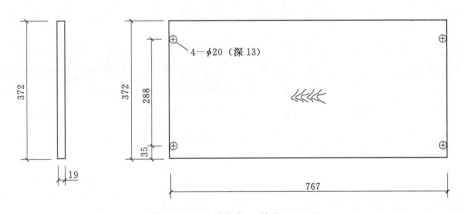

图 4.57 活动搁板（单位：mm）

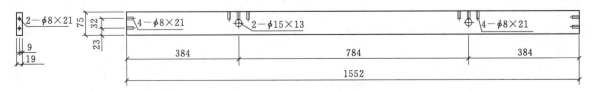

图 4.58 踢脚板（单位：mm）

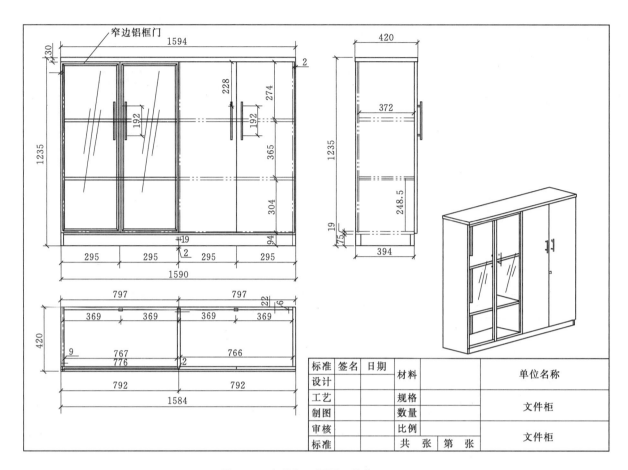

图 4.59　文件柜三视图（单位：mm）

课后思考与练习

（1）本章应强化对现代板式家具五金配件与连接结构及应用的熟悉和掌握，结合课程学习，参观 1～2 个不同类型的家具工厂，学习了解现代板式家具生产的整套工艺流程。通过学习和实践，使学生掌握家具材料的接合形式及技术要求，合理确定结构和合理选择接合方式。

（2）绘制板木家具产品三视图、结构图、零部件图等。结合案例绘制一套"32mm 系统"板式家具设计图、各板件零件尺寸图、并标注孔位尺寸、注明材料、呈现出结构与加工工艺。

第 5 章

软体家具结构设计

5.1 软体家具概述

随着家具行业的不断兴起，人们对新材料、新技术、新领域的不断研究探索，作为家具大家族中的一员——软体家具也得到了长足的进步。软体家具一般是指不同材料如实木、人造板、金属等制成框架，辅以弹簧、绷带、泡沫塑料作为弹性填料，表面包覆各式面料制成的，具有一定弹性的坐卧类家具的总称。现代软体家具产品覆盖面广泛，品种丰富多样，主要产品包括沙发、沙发床、软椅、床垫等。

5.1.1 按结构区分

软体家具按其结构，可分为内骨骼软包家具、外骨骼软包家具、无骨骼软体家具和软骨骼家具。

（1）内骨骼软包家具。目前同内市场上比较常见的一种，用软质材料将内部框架结构完全包覆，因而这种结构的软体家具一般材料的制作成本低，也容易被接受，如图 5.1 所示。

图 5.1　内骨骼软包家具

（2）外骨骼软包家具。以外部框架为主体，在局部用软质材料包覆达到家具的舒适性与美观性。当然现在也有很多是内部四周和座面都有软垫或者软包的软体家具，如柯布西耶设计的大安乐椅就是典型的外部框架式结构，如图 5.2 所示。

（3）无骨骼软体家具。随着材料与生活方式的变化，目前产生了诸如充气、充水、聚乙烯泡沫注模、全软垫等无框架式家具，这类家具往往受年轻一代人的喜欢，如图 5.3 所示。

（4）软骨骼家具。软骨骼家具还可分为弹性结构软垫家具、弯曲木软垫家具、框架多处可调节家具。这些家具比较特殊，也是软体家具发展的趋势之一，如图 5.4 所示。

图 5.2 外骨骼软包家具

图 5.3 无骨骼软体家具

图 5.4 软骨骼家具

5.1.2 按材料区分

软体家具按其材料，可分为皮革类软体家具、织物类软体家具和塑料类软体家具。

（1）皮革类软体家具。以真皮、人造仿皮革作为外套材料的软体家具，如牛皮沙发、皮革床等，如图 5.5 所示。

（2）织物类软体家具。以布料等纺织材料为外套的软体家具，如布艺沙发等，如图 5.6 所示。

图 5.5 皮革类软体家具

图 5.6 织物类软体家具

（3）塑料类软体家具。用塑料为主要材料所制成的软体家具，如外壳为塑料的软体椅，如图 5.7 所示。

5.1.3 按功能区分

软体家具按其功能，可分为软体坐具、软体卧具、其他功能软体家具。

（1）软体坐具。目前常用的软体坐具可分为 5 大类：软包座椅、沙发、沙发床、软体系统及软垫凳。软体坐具占软体家具的主要比例，它们问世与发展的主要原因是人们对于视觉和心理的需求。

（2）软体卧具。软体卧具除了坐卧两用的多功能软体家具外就是各类软床与床垫的总称。

（3）其他功能软体家具。包括多功能软体家具、软体储物家具、软体家具装置等。由于技术的进步，软体家具产生了更多的家具类型，如软体箱柜、软体桌、室内软体隔断家具等，这些新类型的软体

图 5.7 塑料类软体家具

家具不仅体现了设计师的创意和新材料、新工艺的突破，也强调了一种新的视觉元素或者人们的环保、可折叠等观念。

5.1.4 沙发和弹簧软床垫

软体家具通常分为沙发和弹簧软床垫两大类。

狭义的沙发是指一种装有弹簧软垫的低坐靠椅。然而随着社会发展与技术进步，沙发的含义远远超出了这一范畴。广义来说，凡是装有软垫或装有柔软接触表面的座、卧用具，均可称之为沙发，如沙发凳、沙发椅、沙发床等。同时软垫的构成也不一定是弹簧，它既可以单纯用具有弹性的植物纤维、动物毛发、发泡橡胶和泡沫塑料填充物构成，也可以用藤皮、绳索编织而成，还可以在密封的软套内充气或充水而成，更可以用弹簧与弹性填充物配合使用复合而成。

弹簧软床垫是以弹簧及软质衬垫物为内芯材料，外表罩有织物面料或软席等材料制成的卧具。弹簧床垫对身体支撑力的分布比较均匀合理，既能起到充分的承托作用，又能保证合理的脊柱生理弯曲度；而且弹簧软床垫制造技术已相当成熟，制作的弹簧软床垫具有良好的透气性和抗冲击性。

5.2 软体家具的原辅材料

软体家具的原辅材料主要包括框架材料（木材、木质复合材料、金属等）、弹簧、软垫物、绷带和底布、面料、钉、绳、胶黏剂、五金连接件等几部分。

5.2.1 框架材料

1. 木质材料

软体家具的框架结构最常用的材料为木质材料，包括实木及人造板，如胶合板、刨花板、纤维板、单板层积材等。传统框架以实木材料为主，现代则多采用实木和人造板相结合的结构。而且，现代人造板的广泛使用，使沙发框架结构有了新的发展，如随着胶合弯曲工艺的发展，沙发造型也随之丰富多变起来，无需绷带或弹簧，在弯曲的人造板面上包上软包材料，就可构成时尚的沙发了，如图5.8所示。

图 5.8 木质框架

2. 金属材料

软体家具中的金属材料通常以管材、板材、线材或型材等形式出现。用作软体家具的框架材料外，还具有很好的装饰性。金属材料强度高、弹性好、韧性强，可以进行焊、锻、铸造等加工，可以任意弯曲成不同形状，形成曲直结合、刚柔并济、纤巧轻盈、简洁明快的各种软体家具的造型，如图5.9所示。

5.2.2 软体材料

1. 弹簧

弹簧是软体家具的主要材料之一，使用弹簧的目的在于提供优良的弹力，并在压力撤销后，能使软体家具表面恢复原状。软体家具的舒适感多来自于弹簧的弹力作用，能否达到目的，并不取决于弹

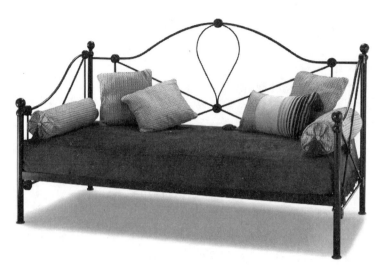

图 5.9 金属框架

簧数量的多少，而依赖于弹簧的结构和质量的高低。常见有螺旋弹簧和蛇形弹簧两类，而螺旋弹簧按形状又可分为中凹型螺旋弹簧（腰鼓弹簧）、圆柱形螺旋弹簧（包布弹簧）、宝塔形螺旋弹簧、拉簧、蛇簧等。

（1）中凹型螺旋弹簧具有良好的弹性且固定方便，是软体家具生产中应用最广泛的一类弹簧。在沙发生产中主要用于传统结构沙发的坐垫部分，在连接式弹簧床垫芯中则是以中凹型螺旋弹簧为主体，并用螺旋穿簧和专用铁卡固定在一起，如图 5.10 所示。

（2）圆柱形螺旋弹簧由一定直径的碳素弹簧钢丝盘绕而成，常用的自由高度为 120～125mm，是弹簧软体家具中另一种高质量的弹簧系统。它保留了传统的高质量弹簧特性，通常将圆柱形螺旋弹簧独立缝制于无纺布袋中，然后用热熔胶将各个布袋组装成一个整体，每个弹簧体可分别动作，独立支撑，一般用于沙发坐垫包或袋装式弹簧芯制作，如图 5.11 所示。

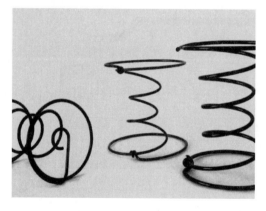

图 5.10 中凹型螺旋弹簧

图 5.11 圆柱形螺旋弹簧

（3）拉簧一般由直径为 2mm 的 70 号钢丝绕制，其外径为 12mm，长度根据需要定制。拉簧常与蛇簧配合使用，也可单独用作沙发的靠背弹簧。

（4）宝塔形螺旋弹簧呈圆锥形，故又称圆锥形螺旋弹簧、喇叭弹簧。使用时大头朝上，小头钉固在骨架上。这样可节约弹簧钢丝用料，但稳定性较差。常用钢丝穿扎成弹性垫子，适用于汽车和沙发坐垫等，如图 5.12 所示。

（5）穿簧一般用直径为 1.2～1.6mm 的 70 号碳素钢丝绕制，绕成圈径比被穿弹簧的直径略大一些，其间隙在 2mm 内。弹簧床垫中的螺旋弹簧一般是依靠穿簧连接成整体。在绕制穿簧的过程中，将弹簧床垫中相邻的螺旋弹簧的上、下圈分别纵横交错地连接成床垫弹簧芯，既简便迅速，又牢固可靠，如图 5.13 所示。

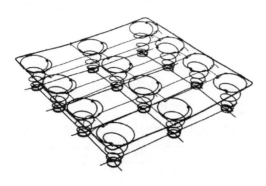

图 5.12　宝塔形螺旋弹簧　　　　　　　　　　　　　图 5.13　穿簧

（6）蛇形弹簧又称弓簧、曲簧，多数采用直径为 3～3.5mm 的碳素钢制成，呈蛇形弯曲，因此有"蛇形弹簧"之称，其宽度一般为 50～60mm，长度可根据实际需要而定。在软体家具的生产中，蛇簧主要用在沙发的底座及靠背上，一般要求用作沙发底座时，其钢丝直径应大于 3.2mm；用作沙发靠背时，其钢丝直径应大于 2.8mm。蛇簧可单独作为沙发底座及靠背弹簧，也可与绷带配合起来使用，且表面通常以泡沫塑料作为软垫层。

2. 软垫物

软垫物主要有泡沫塑料、棉花、羽绒、人造棉、棕丝等具有一定弹性与柔软性的材料。

（1）泡沫塑料是一种充满气体、具有封边性松孔结构（孔壁互不相通）或连孔性松孔结构（孔腔相通）的新型轻质塑料。是一种聚氨酯发泡塑料，具有质轻、绝热、隔热、绝电、耐腐蚀等特性。而且有足够的强度、优良的弹性和耐磨性等。由于现代化工技术的进步和泡沫塑料性能的改善，泡沫塑料的性能已经可部分取代弹簧的性能，在软体家具生产中应用也日益广泛，已成为软体家具的主要材料之一，相应地也带来了现代软体家具制作工艺的简化。用于软体家具上的主要是软质聚氨酯泡沫塑料，常用的有海绵、杜邦棉和乳胶海绵三类。

1）海绵是一种聚氨酯软发泡橡胶，具有较好的弹性，可代替弹簧的部分功能，近年来应用渐多，在很大程度上省去了按传统的包绑弹簧的复杂工艺。海绵通常可以分为高回弹海绵、低回弹海绵、特硬绵、超软绵、特殊绵等；另外还可以分为防火海绵与非防火海绵。用于沙发填充的海绵主要分三大类：一是常规海绵，是由常规聚醚和 TDI 为主体制成的海绵，特点是具有较好的回弹性、柔软性和透气性，如图 5.14 所示；二是高回弹海绵，是一种由活性聚醚和 TDI 为主体制成的海绵，其特点是具有优良的机械性能，较好的弹性，压缩负荷大，耐燃性和透气性好，如图 5.15 所示；三是乱孔海绵，是一种内孔径大小不一的与天然海藻相仿的海绵，其特点是弹性好，压缩回弹时具有极好的缓冲性。在沙发制作过程中，海绵主要应用在座垫、靠垫及扶手上。通常由几层不同密度和硬度的海绵所组成：内层通常要求有一定的硬度和缓冲性能，因而常用厚的硬质海绵；外层要求柔软有弹性，以达

图 5.14　常规海绵　　　　　　　　　　　　　图 5.15　高回弹海绵

到沙发造型及舒适性要求，所以常采用薄的软质海绵。沙发生产中常用的密度为 $20\sim35kg/m^3$，密度高的用于坐垫，密度低的用于靠背和扶手。

2）杜邦棉，俗称喷胶棉，是一种多层纤维结构的化纤材料，它能以较轻的重量达到较好的填充效果，如图 5.16 所示。在沙发生产工艺中，常应用于海绵与布料之间的填充。一方面能使沙发表面具有良好的质感，使用料包扎得饱满平稳、质地柔软、滑润、耐磨，弹性也较理想；另一方面在沙发扣皮过程中，对于沙发边角等需要修补的部位能起良好的填充与造型作用。

3）乳胶海绵是乳胶经过发泡处理后所形成的富有弹性的白色泡沫物体。乳胶海绵的弹性比海绵大，密度也比海绵要高，可直接用作床垫等软体家具，如图 5.17 所示。较厚的乳胶海绵为了减轻重量，背面制成圆柱形凹孔。乳胶海绵由于价格较贵，一般用于高级软体家具。

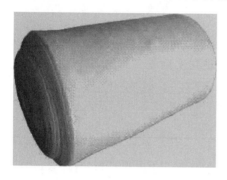
图 5.16 杜邦棉

图 5.17 乳胶海绵

（2）棕丝及其相类似的软垫物棕丝具有较强的柔韧性与抗拉强度、不吸潮、耐腐蚀、透气性好、使用寿命长等优点，所以一直是我国弹簧软体家具中主要的软垫物。与棕丝材料相类似的软垫物有椰壳衣丝、笋壳丝、麻丝、藤丝等。

（3）棉花主要作为弹簧软体家具的填充物，铺垫于面料下，以使用料包扎得饱满平稳、质地柔软、滑润、耐磨，弹性也较理想。现在随着泡沫塑料的应用，逐渐取代了棉花，故棉花在软体家具中的应用已逐渐减少。

（4）羽绒是将细羽毛经过水洗、除尘、消毒、烘干等多道工序制成羽绒或毛片，具有质地轻柔、保暖透气、坐感舒适、长期使用变形小的特点，在现代高档沙发中应用越来越广泛。但羽绒价格高，弹性不佳，通常与海绵配合起来使用。

（5）人造棉是棉型人造短纤维的俗称，有些地方也称公仔棉或丝棉，具有质地光滑、柔软性好、坐感舒适的特点，但机械性能差，压缩负荷小，耐火及耐酸碱性差，通常与羽绒混合起来使用，主要用于靠垫填料。

3．绷带

绷带在现代沙发生产中应用非常广泛，绷带的种类很多，有麻织类绷带、棉织类绷带、橡胶类绷带、塑料类绷带等多种结构。目前比较常用的是麻织类绷带或棉织类绷带，俗称松紧带，其宽度约为 $50\sim70mm$，卷成圆盘销售。常纵横交错绷钉在沙发、沙发椅、沙发凳的底座及靠背上，然后将弹簧缝固于上面。由于绷带具有一定弹性与承载能力，所以也可以将其他软垫物、泡沫塑料、棕丝等）直接胶固在其上，制成软体家具。麻织类绷带强度较高、伸缩性小、弹性较好，是底座常用的绷带；棉织类绷带强度较低，一般用于扶手或靠背，而不用于底座。

4．面料

面料是包在软体家具外表的织物，除了使用功能外，还起装饰、保护和美化等作用。软体家具的面料主要包括布料和皮革两大类。软体家具除面料的外观、色彩、图案外，更应重视面料的耐磨性、耐拉伸、断裂性、透气性等性能。

（1）布料作为软体家具的面料，布料不仅透气，而且质地、色彩、光泽、图案等能体现出软体家具的装饰效果，如图 5.18 所示。布料一般都有柔软的质感，或素色或有图案，显得线条圆润、亲和力强、触感柔和。常用布料软体家具有天然织物、人造织物和混纺织物。

（2）皮革软体家具的档次除内部质量和做工外，关键还集中表现在面料上，皮革沙发具有庄重典雅、华贵耐用的特点，是高档沙发的主要面料，如图5.19所示。通常讲的皮革包括真皮、再生皮及人造革等三类，用于制作软体家具的真皮通常是牛皮、羊皮、猪皮等。

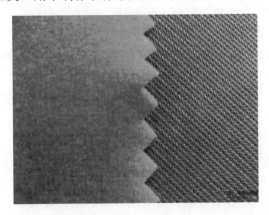
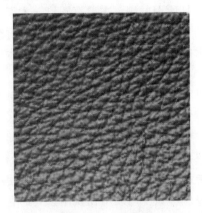

图 5.18　布料　　　　　　　　　　　图 5.19　皮革

1）真皮指的是把生皮上的表皮、皮下组织等通过机械处理和化学作用除去以后而保留下来的真皮部分。因厚度与价格因素，原皮不会直接用作软体家具的面料，通常会作层间分割。最外的一层称作头层皮，也称全青皮，皮质柔软、贵重；其次分别为二层皮与三层皮，一般就分割三层；二层皮也称半青皮，表面张力、柔韧性和耐磨性都不如头层皮，价格相对低廉。头层皮在放大镜下有清晰的毛孔可见，摸压时偏硬。目前真皮沙发多用牛皮做面料。沙发皮革以运用头层皮和二层皮为主。

2）再生皮是用真皮加工过程中的皮屑作为纤维材料，在黏合剂作用下经一定的工艺加工之后黏合在一起，再进行脱水、成型、压制、干燥、打光、硫化、涂饰后制成的。再生皮的特点是皮张边缘整齐、利用率高、价格便宜；但皮身较厚，强度较差。再生皮的纵切面纤维组织均匀一致，可辨认出混合纤维流质物的凝固效果。再生皮常用于价位较低的沙发产品，与真皮搭配使用。

3）人造革，也叫仿皮，是PVC和PU等人造材料的总称。它是在纺织布基或无纺布基上，由各种不同配方的PVC和PU等发泡或覆膜加工制作而成。可以根据不同强度、耐磨度、耐寒度和色彩、光泽、花纹图案等要求加工制成，具有花色品种繁多、防水性能好、边幅整齐、利用率高和价格相对便宜的特点。但绝大部分的人造革，其手感和弹性无法达到真皮的效果，多用于沙发背面、扶手外侧等人体接触不到的部位。

5.2.3　其他辅助材料

1. 底布

底布的材料有麻布、棉布、化纤布等。沙发生产中常用的为麻布，强度很高，其幅面一般为1140mm。弹簧软体家具一般需要分别在弹簧及棕丝上各钉蒙一层麻布，沙发扶手需钉蒙两层麻布，起保护与支撑作用。棉布与化纤布一般用于靠背后面、底座下面作为沙发遮盖布，起防尘作用，同时也作为面料的拉布、塞头布及里衬布，以满足制作工艺与质量的要求。

2. 面料绳

面料绳主要包括蜡绷绳、细纱绳、嵌绳、拉绳等。

（1）蜡绷绳由优质棉纱制成，并涂上蜡，能防潮、防腐，使用寿命长。其直径为3~4mm。主要用于绷扎圆锥形、双圆锥形、圆柱形螺旋弹簧，以使每只弹簧对底座或靠背保持垂直位置，并互相连接成为牢固的整体，以获得适合的柔软度，并使之受力比较均匀。

（2）细纱绳俗称纱线，主要用来使弹簧与紧蒙在弹簧上的麻布缝连在一起。并要缝接头层麻布与二层麻布中间的棕丝层，使三者紧密连接，而不使棕丝产生滑移。另外可用于第二层麻布四周的锁边，以使周边轮廓平直而明显。细纱绳的规格有21支21股、21支24股、21支26股3种，根据要求选用。

（3）嵌绳又称嵌线。嵌绳跟绷绳的粗细基本相同，只是不需要上蜡，较为柔软。需用20～25mm宽的布条包住，缝制在面料与面料周边交接处，以使软体家具的棱角线平直、明显、美观。

3. 钉

软体家具所用的钉，主要有圆钉、木螺钉、骑马钉、鞋钉、气枪钉、泡钉、扣钉等。

（1）圆钉主要用于钉制沙发的内结构框架及绷带。在工厂常用卷钉枪来固定圆钉。

（2）木螺钉按头部的形状可分为沉头木螺钉、半沉头木螺钉、圆头木螺钉。主要用于沙发骨架的连接。

（3）U形钉（骑马钉）主要用于钉固软体家具中的各种弹簧、钢丝，也可用于固定绷绳。

（4）鞋钉主要用于钉固软体家具中的底带、绷绳、麻布、面料等。

（5）冂形气枪钉主要用于钉固软体家具中的底带、底布、面料。

（6）漆泡钉（泡钉），由于钉的帽头涂有各种颜色的色漆，故俗称漆泡钉。主要用于钉固软体家具的面料与防尘布。不过，现代沙发很少使用此钉。其原因是钉的帽头露在外表，易脱漆生锈影响外观美，所以应尽量少用或用在软体家具的背面、不显眼之处。其规格一般钉帽直径为9～11mm、钉杆长15～20mm、钉杆直径1.5～2mm。

（7）扣钉主要应用于软体家具生产制作中，如弹簧与钢丝边的固定。在生产床垫弹簧芯时，四周弹簧的上下圈分别用扣钉固定于钢丝条上，起到一个稳定与加固作用。

4. 喷胶

软体家具中软垫层之间及软垫层与框架之间的连接一般要用到喷胶，是一种溶剂型橡胶胶黏剂，质地柔软，能与多种材料具有良好的胶合性能。

5. 装饰收口材料

软体家具生产中还会用到各种各样的塑料胶条、拉布条、锁合胶条等装饰收口材料，有些还会用到金属脚及脚轮，甚至专用的连接件和配件等。

5.3 沙发的结构

沙发的外部结构是由沙发靠背、沙发作为、沙发扶手以及沙发脚等构成，如图5.20所示。

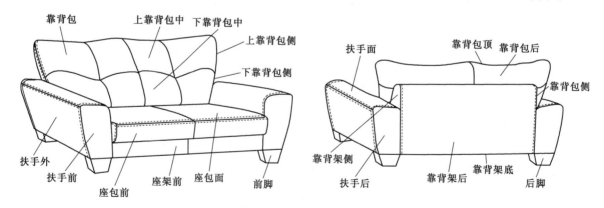

图5.20 沙发的外部结构

1. 沙发靠背

沙发靠背是人坐时靠背的地方，也像一道屏风，所以也叫做沙发屏。沙发靠背由沙发靠背架和沙发靠背包两大部分组成，靠背架部分包括：靠背架后、靠背架侧、靠背架顶、靠背架底等；靠背包部分包括：上靠背包、下靠背包、靠背包侧、靠背包中、靠背包顶、靠背包底、靠背包后以及靠背包内等。

2. 沙发座位

沙发座位，顾名思义，它是人坐的位置。沙发座位分为沙发座架和沙发座包两大部分。座架和座包的结构都差不多，包括座前、座后、座侧、座面上和座底等。

3. 沙发扶手

沙发扶手是人坐时双手摆放的地方。沙发扶手也分扶手架和扶手包两部分。沙发扶手包括：扶手前、扶手后、扶手外、扶手内以及扶手面等。

4. 沙发脚

沙发脚是用作支撑整张沙发的，使沙发摆放平稳和美观，沙发脚又分沙发前脚和沙发后脚。

5.3.1 沙发框架结构

对于沙发类软体家具（包括沙发椅、沙发凳等），其造型丰富的外表，在很大程度上取决于框架的结构（图 5.21）。框架常用的材料有木材、木质复合材料、金属、塑料等。

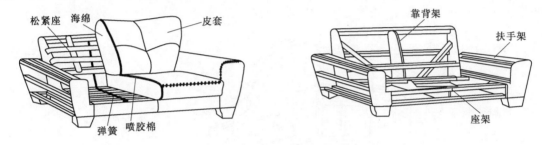

图 5.21 沙发的内部结构

1. 木质框架结构

沙发根据款式和工艺不同，总体上可分为古典沙发和现代沙发两大类。其中古典沙发的造型一般比较复杂，多采用雕刻、镶嵌等装饰手法，大部分采用传统的手工生产方式，生产工艺相当复杂。同时，古典沙发基本上都是实木框架。现代沙发的造型相对比较简洁，色彩素雅，时代感强，生产工艺相对比较简单，较易采用规模化生产方式。同时现代沙发框架形式不是单纯的实木结构，而在很大程度上由人造板替代。

（1）实木框架的结构。实木框架质量是决定沙发使用寿命的重要因素之一。因此对木框架的要求，除了尺寸准确，结构合理之外，对材质也有一定的要求。一般采用含水率在 15% 以下，无腐朽、握钉力强的硬阔叶村或节子较少的松木，如图 5.22 所示。

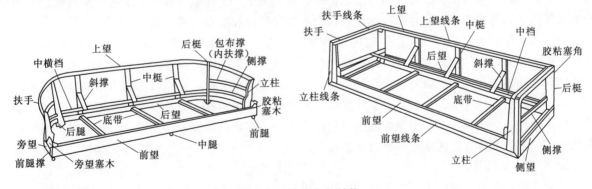

图 5.22 实木框架结构

1）外露木框架部分：如实木扶手、腿等，要求光洁平整、需加涂饰，接合处应尽量隐蔽，结构与木质家具相同，采用暗榫接合。

2）被包覆木框架部分：如底座框架、靠背框架等，可稍微粗糙、无须涂饰，接合处不需隐蔽，但结构须牢固、制作简便，可用圆钉、木螺钉、明榫接合，持钉的木框厚度应不小于 25mm。

实木框架的结构类型木框架的接合常用榫接合、圆钉接合、木螺钉接合、螺栓接合和胶接合等形式。脚是受力集中的地方，它要承受沙发和人体的重量，所以常采用螺栓连接。螺栓规格一般为10mm，常将圆头的一端放在木框外，拧螺母的一端放在框架内侧，并且两端均须放垫圈。为了使接合平稳、牢固，不管是圆脚还是方脚，与框架的接合面都必须加工成平面。脚在安装之前，可预先将露出框架外的部分进行涂饰，涂饰的颜色要根据准备使用的沙发面料颜色而定，使之相互协调。

坐垫框架和靠背框架的连接，因受力较大，一般采用榫接合，并涂胶加固或在框架内侧加钉一块10～20mm厚的木板，以增加强度。这部分的接合还可以采用半榫搭接和木螺钉固定。框架板件的厚度一般为20～30mm，不能太厚，以免增加沙发自重，造成搬动不便，且浪费材料；但也不能小于20mm，以免影响强度，造成损坏。全包木框架对粗糙度的要求不高，只要刨平即可。

（2）实木与人造板结合的框架结构。在现代沙发制作过程中，沙发的造型越来越丰富。而沙发丰富的造型在很大程度上取决于沙发框架的造型结构。为了适应这种趋势，人造板材料渐渐在沙发框架制作中得到应用，这主要是由于人造板本身的一些优势所致。目前相对应用比较多的人造板是多层板，如图5.23所示。

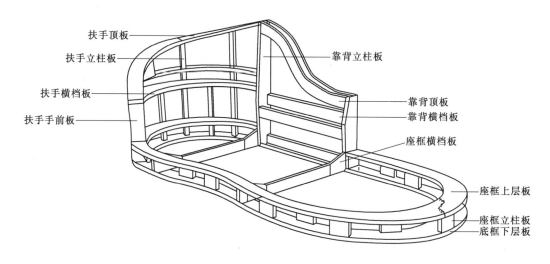

图5.23 实木与人造板结合的框架结构

沙发的多种造型，取决于沙发内部的结构框架。从传统的加工工艺到现代的加工工艺，沙发结构框架在材料的选择上，一直是以实木（杂木）为主，加工直线形零部件可在圆锯机上制得，而加工弯曲件，则需通过锯制弯曲、方材弯曲等工艺制得，增加了生产制作成本及加工工艺的复杂性。实木结构框架的接合常用榫接合、钉接合、木螺钉接合、螺栓接合和胶接合等形式。

（3）杨木结构人造板框架结构。利用杨木结构人造板（多层胶合板、定向刨花板、单板层积材等）生产的沙发内部结构框架是针对沙发实木框架受众多因素制约，而开发的一种新型木质复合材料结构框架。杨木结构人造板既有实木框架良好的结构强度及稳定性，又克服了实木框架容易出现的翘曲变形、虫眼、节疤等不足。针对目前沙发框架需要更多异型曲面来满足沙发外观造型的需要，利用若干杨木结构人造板曲（直）边组合成形的独特优势，不仅可以节省木材资源、降低成本，同时可以简化加工工艺，加速生产流水化，突出造型特征。

2.金属框架结构

金属框架的沙发，是以金属的管材、板材、线材或型材等为结构材料，同时与人接触部位配以软垫等，如图5.24所示。以金属为框架材料，具有强度高、弹性好、富韧性；可进行焊、锻、铸造等加工，可任意弯成不同形状，能营造出沙发曲直结合、刚柔并济、纤巧轻盈、简洁明快的各种造型风格。对于金属框架，其结构可以有固定式、拆装式、折叠式等。金属构件之间或金属构件与非金属构件之间的接合通常采用焊接、铆接、螺纹连接及销接等方法。

3.塑料框架结构

塑料框架通常经过模塑成型而形成的，塑料以其鲜艳的颜色、新颖的造型、轻便实用的特点，在

图 5.24　金属框架结构

沙发框架结构中得到淋漓尽致的应用，如图 5.25 所示。塑料成型就是将不同形态（粉状、粒状、溶液或者分散体）的塑料原料按不同方式制成所需形状的坯体。塑料的成型工艺有很多种，包括注射成型、挤出成型、压延成型、吹塑成型、压制成型、滚塑成型、铸塑成型、搪塑成型、醮涂成型、流延成型、传递模塑成型、反应注塑成型、手糊成型、缠绕成型、喷射成型，很多种成型工艺已经开始在家具业中运用。

4. 竹（藤）框架结构

用竹（藤）材料做沙发的框架，既保持了竹（藤）特有的质感和性能，又克服了易于干裂变形的不足，同时还考虑到现实的需求观念，如图 5.26 所示。竹子本身就是极好的速生资源，是一种优质的木材代用品，而且在制作过程中不像木制家具那样使用大量富含甲醛的胶黏剂，对人体健康极为有益。竹材其顺纹抗拉强度、抗压强度是樱桃木的 2.5 倍。其加工方式是先将原竹去皮后切割成宽度为3～4cm 的竹条，然后经过特殊工艺高压上胶制成大型板材，全过程要经过 30 多道工艺。经过处理的板材不会开裂、变形和脱胶。而且具有防湿、防蛀等优点，各种物理性能相当于中高档硬杂木。以此类竹材做出的沙发框架既漂亮、清雅，又实用、耐用。目前的藤制沙发已完全迥异于以前那种老气横秋的造型，有的家具呈典型的欧美西式风格，有的又极富民族特色和东方情调。

图 5.25　塑料框架结构

图 5.26　竹藤框架结构

5. 功能沙发框架结构

功能沙发主要指的是除了具有普通沙发功能以外，还具有休闲躺椅等功能。其框架结构通常是在普通沙发框架结构的基础上，在沙发底部安装一个能实现功能化的铁架，如图 5.27 所示。

5.3.2　沙发软体结构

沙发的软层结构是构成沙发的重要组成部分，同时也是沙发定义的主要依据。沙发的软层结构款式及种类很多，大致可以按以下分类。

5.3.2.1　软层结构的厚薄分类

（1）薄型软体结构。又称半软体结构，一般采用藤编、绳编、布、皮革、塑料编织、棕绷面等制成，也有采用薄型海绵与面料制作。这些半软体材料有的直接编织在座椅框上，有的缝挂在座椅框上，有的单独编织在木框上后再嵌入座椅框内，如图5.28所示。

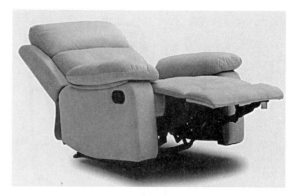

图 5.27　功能沙发框架结构

（2）厚型软体结构有两种结构形式，第一种是传统的弹簧结构，利用弹簧作软体材料，然后在弹簧上包覆棕丝、棉花、泡沫塑料、海绵等作为软体材料，然后在弹簧上包覆棕丝、棉花、泡沫塑料、海绵等，最后再包覆装饰布面。弹簧有盘簧、拉簧、蛇（弓）簧等，如图5.29所示。另一种为现代沙发结构，也称软垫结构。整个结构可以分为两部分：一部分是由支架蒙面（或绷带）而成的底胎；另一部分是软垫，由泡沫塑料（或发泡橡胶）与面料构成。

图 5.28　薄型软体结构

图 5.29　厚型软体结构

5.3.2.2 软层结构的弹性主体材料分类

软体部位的结构可分为螺旋弹簧、蛇簧和泡沫塑料三类。

螺旋弹簧，弹性最佳，坐用舒适，材料工时消耗较多，造价较高，主要用于高级软体家具。

蛇簧弹性欠佳，坐用较舒适，材料工时消耗与造价比螺旋弹簧低，常用于中档软体家具。

泡沫塑料弹性与舒适性均不如螺旋弹簧和蛇簧，但省工、省料、造价低，一般用于简易的软体家具、软垫及单纯装饰性包覆。

1. 使用螺旋弹簧的沙发结构

全包沙发的软体结构可分为座、背和扶手三部分，其中座、背均含有螺旋弹簧。螺旋弹簧的下部缝连或钉固于底托上，上部用绷绳绷扎连接并牢牢固定于木架上，使其能弹性变形而又不偏倒。在绑扎好的弹簧上面先覆盖固定头层麻布，再铺垫棕丝，然后覆盖固定两层麻布，再铺垫少量棕丝后包覆泡沫塑料或棉花，最后蒙上表层面料，如图5.30所示。其中弹簧的作用是提供弹性。棕丝、泡沫塑料、棉花等填料的作用在于将大孔洞的弹簧图表面逐步垫衬成平整的座面。加两层麻布有利于绷平，减少填料厚度。普通家具可酌情减免头层麻布上面的材料层次。填料除上述典型的材料外，亦可选用其他种类，如亚麻丝、剑麻丝、椰丝、橡胶、浸渍椰丝、木丝、木棉、西班牙苔藓、马毛、牛毛、猪毛、橡胶浸渍毛、羽绒、鸭毛、鹅毛等，根据产品档次和填料的回弹性能选用，回弹性能好的用于高档软家具。

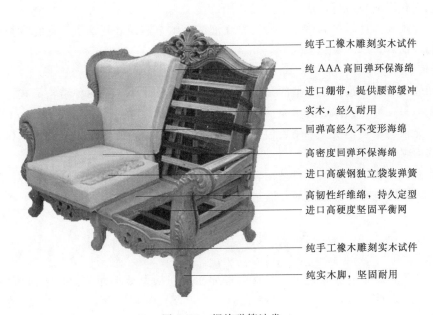

纯手工橡木雕刻实木试件

纯AAA高回弹环保海绵

进口绷带，提供腰部缓冲

实木，经久耐用

回弹高经久不变形海绵

高密度回弹环保海绵

进口高碳钢独立袋装弹簧

高韧性纤维绵，持久定型

进口高硬度坚固平衡网

纯手工橡木雕刻实木试件

纯实木脚，坚固耐用

图5.30 螺旋弹簧沙发

绷绳织物作底托的绷带都用钉子固定。通常织物都用13mm长的鞋钉，钉距约40mm，其他用15mm长的鞋钉。

软体部分的高度由绷扎后的弹簧高度和填料厚度构成，填料厚度应小于25mm。弹簧绷扎后的高度根据弹簧软度而定。不过，弹簧绷扎压缩量不得超过弹簧自由高度的25%，为此，应适当选配弹簧高度，以满足这一要求。

2. 使用蛇簧的沙发结构

沙发可以用蛇簧作其软体结构的主体，充作座与靠背的主要材料。数根蛇簧使用专用的金属支板或用钉子固定于木框上。座簧固定于前望、后望，背簧固定于上、下横档，各行蛇簧用螺旋穿簧连接成整体，中部各行间亦可用金属连接片或拉杆代替螺旋穿簧。

蛇簧沙发上、下部的结构与螺旋弹簧沙发相同，即上部有麻布填料和面料，下部设底布，如图5.31所示。

木框架（东北落叶松——比一般的松木要硬，不易变形，咬钉牢固。）

25锰蛇形弹簧（S形簧），可以使沙发具有更高的回弹性和抗老化性能。

普通弹性绷带，一般用于靠背，保证了底部弹簧平均受力。

高弹性绷带，一般用于坐垫，保证了底部弹簧平均受力。

绒丝，海绵层上，为了增加沙发的柔软性、舒适性，一般都会使用这种丝棉，这种棉蓬松柔软、裁制方便、不易变形。厚度根据不同款式运用。

高密度回弹海绵，坐垫海绵在35密度以上，靠背和扶手25密度以上，其他在20密度以上。

底架、靠背架、扶手架，主要以气钉枪45°斜钉组装固定，木结合部X形打钉，方形架以三角木定型，条木间由连接木木牢固，主要部位再用铁钉加固。

胶合板，用于木架的辅助结构。

图 5.31　蛇形弹簧沙发

3. 泡沫塑料软垫结构

泡沫塑料外面包覆面料就可做成软垫直接使用。

以泡沫塑料为主要弹性材料的椅座、椅背，在泡沫塑料下需设底托支承。底托种类同螺旋弹簧结构，上面覆棉花与面料。

5.3.2.3　活动软垫结构形式分类

沙发的活动软垫结构在这里主要指的是可以活动的坐垫及靠垫。有两种结构形式：一种是带弹簧的填充活动软垫；另一种是无弹簧的填充活动软垫。

带弹簧的填充活动软垫，主要采用袋包弹簧为主要弹性材料，外包海绵或其他填料，最后在外面套皮革或布料的面料。

无弹簧的填充活动软垫，其填充材料比较多，有棉花、公仔绵、碎海绵、鸭毛等。另有用多层海绵粘贴而成型的。同时也有用乳胶海绵，通过异型加工切割而成的。

5.4　床垫的结构

目前市场上的弹簧床垫一般以采用不同材料搭配而成，从上至下即分为：上面料层、上铺垫层、弹簧层、下铺垫层、下面料层，为增加床垫的舒适性，又将面料层独立，将面料、海绵等铺垫料绗缝在一起，成为双层复合面料层。通常床垫为双面可用，因此，一般的弹簧床垫以弹簧芯作为中心层，上下左右对称结构，可以随时翻动床垫，变换床垫与人体接触表面，使弹簧不至于长期承受同一方向的压力，以延长床垫寿命。在床垫的构造中，面料层是最上层，是与身体接触的部分必须是柔软的层；铺垫层是弹簧层之上的海绵层，负责填补身体曲线的空隙，让触感更舒适；铺垫层充当织物面料层与弹簧层之间的桥梁；弹簧层要求受到冲击时，起到柔和的缓冲作用，主要负责的是承受身体的重力，给予适度的支撑力，如图5.32所示。

（1）弹簧层。弹簧芯是弹簧软床垫的最主要结构，也是床垫的支撑结构，有中凹型弹簧、连续型弹簧、袋装式弹簧等不同弹簧形式，通过螺旋穿簧或其他材料连接组成弹性整体。弹簧芯通常有以下两种结构：弹簧和围边钢。

1）弹簧是弹簧芯的基本单元，弹簧芯由一根或多根弹簧连接而成。

2）围边钢即边框钢丝，主要用于将弹簧床垫的周边弹簧包扎连接在一起，用于床垫软边处，起固定和连接弹簧的作用，以使周边挺直、牢固而富有整体弹性。同时起到增强床垫平稳性的目的。所用钢丝一般采用直径为3.2～3.5mm的65号锰钢或70号碳钢。

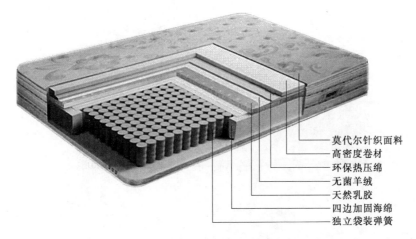

莫代尔针织面料
高密度卷材
环保热压绵
无菌羊绒
天然乳胶
四边加固海绵
独立袋装弹簧

图 5.32　床垫的结构

（2）铺垫层（辅助材料）。铺垫层是介于面料层和弹簧层之间的衬垫材料，主要由一层耐磨纤维层和平衡层组成。常用的耐磨纤维层有棕纤维垫、化纤（棉）毡、椰丝垫等各种毡垫。常用的平衡层有泡沫塑料、塑料网隔离层、海绵和麻毡（布）等；铺垫料均应无有害生物，不允许夹杂泥沙及金属杂物，无腐朽霉变，不能使用土制毛毡，无异味。

（3）面料层（复合面料）。面料层即复合面料层，是床垫表面的纺织面料与泡沫塑料、絮用纤维、无纺布等材料绗缝在一起的复合体。位于床垫表层，直接与人体接触，起到保护和美观的作用，也能够分散承受身体重量产生的力，增加床垫的整体性，有效防止对身体任何部位造成过大压力。

（4）围边及其他这里主要指床垫的周边部分，包括弹簧芯围边、护角和胶边海绵。

1）围边是床垫两侧最外层的复合面料，与面料层通过包缝机滚边后连接形成床垫的表面材料。床垫围边可以根据需要设计通气孔和拉手。通气孔主要是为了保证床垫的透气性使空气自然循环，不产生热量。而且空气自由通过可使床具中存有新鲜的空气。

2）护角是为了增加床垫四个边角的承受力，防止床垫在长期使用过程中边角处塌陷或变形，固定在弹簧芯四角的结构通常采用海绵材料。

3）胶边海绵是与弹簧芯侧边胶合，用于加固弹簧芯两侧的海绵，同时增加了床垫的整体性和床垫侧边舒适性，有些弹簧软床垫的弹簧芯不用围边钢加固时，胶边海绵也起到围边钢的加固作用。

5.4.1　弹簧层

弹簧层由弹簧组成，是弹簧床垫内部起支撑作用的结构件。弹簧层可以合理支撑人体各部位，保证人体特别是骨骼的自然曲线，贴合人体各种躺卧姿势。根据弹簧形式不同，弹簧层大致可分连接式、袋装独立式、线状直立式、张状整体式及袋装线状整体式等。

1. 连接式弹簧层

中凹型螺旋弹簧是最常使用的床垫弹簧，大部分床垫都用这种普通弹簧芯制作，连接式弹簧床垫就是以中凹型螺旋弹簧为主体，两面用螺旋穿簧和围边钢丝将所有个体弹簧串联在一起，成为"受力共同体"，这是弹簧软床垫的传统制作方式，如图 5.33 所示。螺旋穿簧俗称穿条弹簧、穿簧，是用钢丝制成的小圆柱形螺旋弹簧，起连接作用，用于将两排弹簧固定在一起。螺旋穿簧钢丝直径为 1.3～1.8mm。

这种弹簧芯弹力强劲、垂直支撑性能好、弹性自由度好。由于所有的弹簧是一个串联体系，当床垫的一部分受到外界冲压力后，整个床芯都会动。普通弹簧芯因为工艺成熟，相比之下价格较便宜。

采用连接式弹簧层的床垫可以不使用围边钢，因为这种结构形式的弹簧层，弹簧之间连接紧密，可以不用围边钢来约束，而用胶边海绵来代替。

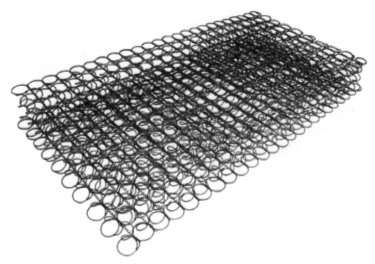

图 5.33　连接式弹簧层

2. 袋装独立式弹簧层

袋装独立式又称独立筒型弹簧，即将每一个独立个体弹簧做成通行腰鼓型施压之后装填入袋，再用胶连接排列而成，如图 5.34 所示。其特点是每个弹簧体为个别运作，发挥独立支撑作用，能单独伸缩。袋装弹簧的力学结构避免了蛇形簧的受力缺陷。各个弹簧再以纤维袋或棉袋装起来，而不同列间的弹簧袋再以黏胶互相黏合，因此当两个独立物体同置于床面时，一方转动，另一方不会受到干扰，睡眠者之间翻身不受干扰，营造独立的睡眠空间。长期使用后即使少数几个弹簧性能变差，甚至失去弹性，也不会影响整个床垫弹性的发挥。相比连接式弹簧，独立袋装弹簧的松软度好一些；具备环保、静音及独立支撑、回弹性好、贴合度高等特性；由于弹簧数量多（500 个以上），材料费用及人工费用较高，床垫的价格也相应较高。

图 5.34　袋装独立式弹簧层

袋装独立弹簧基本都使用围边钢，因为袋装弹簧是用布袋间的黏结来完成弹簧连接，弹簧之间有一定的空隙，如果去掉围边钢，整体弹簧芯容易出现松垮现象，或者影响床芯外形尺寸与整体性。

3. 线装直立式弹簧层

线装直立式弹簧层由一股连绵不断的连续型钢丝弹簧，从头到尾一体成型排列而成。其优点是采取整体无断层式架构弹簧，顺着人体脊骨自然曲线，适当而均匀地承托。此外，此种弹簧结构还不易产生弹性疲乏。

4. 线装整体式弹簧层

线状整体式弹簧层由一股连绵不断的连续型钢丝弹簧，用自动化精密机械根据力学、架构、整体成型、人体工程学原理，将弹簧排列成三角架构，弹簧相互连锁，使所受的重量与压力成金字塔形支撑，平均分散了四周压力，确保弹簧弹力，如图 5.35 所示。线装整体式弹簧床垫软硬度适中，可提供舒适睡眠和保护人体脊椎健康。

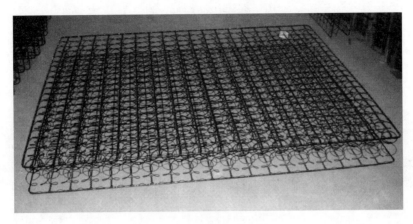

图 5.35　线装整体式弹簧层

5. 袋装线状整体弹簧层

该弹簧芯是将线状整体式弹簧装入无间隔的袖状双层强化纤维套中排列而成。除具线状整体式弹簧床垫的优点外，其弹簧系统是与人体平行方式排列而成，任何床面上的滚动，皆不会影响到旁侧的睡眠者；目前此系统为英国斯林百兰床垫的专利。

6. 开口弹簧层

开口弹簧芯与连接式弹簧芯相似，也需要用螺旋穿簧进行穿簧，两种弹簧芯的结构和工艺制作方法基本相同，最主要的差别就在于开口弹簧芯的弹簧没有打结。

7. 电动弹簧层

电动弹簧芯床垫即在弹簧床垫底部配上可调整的弹簧网架，加装电动机使床垫可随意调整，无论是小憩、看电视、阅读或睡觉，皆可调整到最舒适的位置。

8. 双层弹簧层

双层弹簧芯是指以上下两层串好的弹簧作为床芯。上层弹簧在承托人体重量的同时得到下层弹簧的有效支撑，具有极好的弹性，能提供双倍的承托力和舒适度，分摊人体重量，如图 5.36 所示。对人体重量的受力平衡性更好，弹簧使用寿命也更长。

就弹簧自身的排列来看，可以形成平行排列和蜂窝结构排列两种构造模式。平行排列专为那些喜欢柔和而硬实的支撑，偏好其奢华舒适的人群而设计。弹簧圈成列平行排布，提高床垫回弹性，更加顺应身体轮廓。蜂窝排列弹簧按蜂窝结构紧密装填排布，减少弹簧圈之间的间隙，增加弹簧圈的数量。这种设计可以增加床垫强度，为整个脊椎提供绝佳支撑。

在分区弹簧床垫中，分区弹簧层大多数采用的是袋装独立式弹簧层。现在市场上的分区弹簧层分得越来越细，从三区、五区、七区，甚至有九区，如图 5.37 所示。可以说分得越多，越有利于同人体各部位的尺度及生物力学特性相匹配，越有利于获得舒适的睡眠。三区弹簧床垫是将弹簧层分为三个区域：头部、脚部和以臀部为中心的区域。五区弹簧床垫是将弹簧层分为五个区域，即细分人体的上身部分的体重，分成头部、肩背部、腰部、臀部和腿部五个区域，或将床垫头部与脚部，肩部与腿部对称，和以臀部为

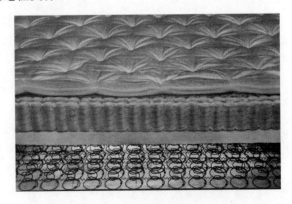

图 5.36　双层弹簧层

中心的五个区域，五区弹簧床垫在分区床垫中非常普遍。七区弹簧床垫是将弹簧层划分七个区域：头部、肩背部、腰部、臀部、大腿、小腿和脚部。臀部最重，因此弹性最大且最软，腰部、腿部次之，弹性较高且较软，而头部、脚部则采用较硬的材质，弹性最小，这样身体每个部位都能得到有力支撑

而获得健康舒适的睡眠，从而解决了身体局部受压的问题，使人体不同重量的各个部分都由此能够得到最科学的呵护，脊柱始终与床平行。弹簧的软硬度主要取决于线径、中径、圈数、高度等因素，弹簧层通过改变单个弹簧的工艺参数改变弹簧的软硬度、弹簧间的排列和弹簧间的结合方式来改变床垫各区的软硬度。

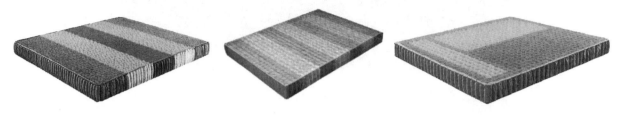

图 5.37　分区弹簧层

通常，男性的体重要大于女性的体重，对床垫的缓冲力要求较高，在某种意义上说，夫妻之间对床垫的要求是不同的。每个人都有合适自己的床垫，在同一个床垫中，夫妻分别选择适合自己的弹簧芯拼成一个双人弹簧芯，再经过添加面料层和复合面料组合成一款能够让夫妻双方都可能获得自己满足的睡眠品质的床垫。

5.4.2　铺垫层

铺垫层是介于复合面料和弹簧芯之间的衬垫材料，包括泡沫塑料、塑网和麻毡（布）、棕纤维垫、化纤（棉）毡、椰丝垫等各种毡垫。铺垫层充当织物面料层与弹簧层之间的桥梁。在床垫的构造中，床垫的整体性能主要是由三大性能决定的，即：舒适性、支撑性、耐久性。倘若铺垫层有极佳的回弹能力，适当地运用铺垫层对增强这三大性能会起到巨大的作用。

1．常见海绵层

海绵按形状分为：①平海绵（可以是单张的，也可以是整卷的），单张海绵主要作为床芯的填充料；②异型海绵，用得最多的是蛋形海绵，具有按摩作用；③不同区段的波段海绵。

2．特殊海绵层

高弹海绵：使床垫回弹力更强，抗疲劳性优越，床垫更柔软、更舒适。

乳胶海绵：由无数的袖珍钉模所组成。一次发泡成型，无需连接或裁切。这独特的构造不仅减低身体与胶泡的接触，更促进空气流动，增加睡眠舒适。

记忆海绵：能根据人体对床垫的压力自动调节承托力，并延时释放回弹力，持续有效地将人体重量均匀分散，以达到最佳承托力，保证人体的每一个部位都有相适应的受力面积，如图5.38所示。

3D材料：又称3D网布，指高弹高密三维立体中空结构，上下网孔六面透气中间采用功能性聚酯纤维材料，呈X～90°支撑的一种革命性的软体材料，如图5.39所示。

图 5.38　记忆海绵

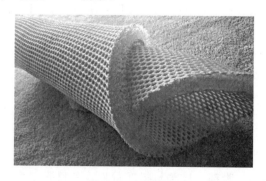

图 5.39　3D网布

活性呼吸海绵：采用纳米改性竹炭技术制成的海绵，具有解毒杀菌、调湿调温、清新空气、保健等功能，使床垫更环保、更健康。

3. 棕丝垫

棕丝垫（8～10mm 厚）由棕丝制成，棕丝有两种，一种是棕榈的外皮层，也称棕骨丝；另一种是椰子壳纤维，也称椰丝。棕丝垫以棕丝和天然胶为主要原料，无任何化纤和其他有害成分，无毒无害，为天然绿色环保制品。

4. 塑料网

塑料网隔离层能均匀分散床垫所受的压力，使睡眠者不会感觉弹簧的存在。泡沫塑料应达到国家标准 GB 10802 的有关要求。

铺垫层可以由单层材料构成，也可以由多层材料组合而成。如单层结构为一层海绵或一层毛毡等；两层结构为两层海绵或一层海绵＋一层毛毡或一层椰丝垫＋一层毛毡等；多层结构一般为三层以上，如三层海绵、三层海绵＋一层毛毡等。现在市场上各床垫厂家为增加舒适度，在铺垫层的层数上下工夫，有的床垫中已有增加到十几层的。

乳胶是一种常用的铺垫层材料，从历史上的最初弹性乳胶到最新的 MEMO 乳胶，有着极大的和根本上的区别。弹性乳胶又分单区、三区、五区、七区段乳胶床垫，如图 5.40 所示。以常见的七区床垫为例，主要分为头颈区、肩背区、腰椎区、骨盆区、膝盖区、小腿区和脚踝区七个部分。头颈区为人的头颈部提供合适程度的稳定，以帮助预防颈椎的肌肉疲劳和疼痛。肩背区为人侧睡时提供更强的弹性，使整个肩部和后背部都感到柔软和舒适感。腰椎区具有最稳固的特性，对后腰的舒适性非常重要，因此这个区域要给后背的自然曲线提供支撑，防止脊椎下垂，缓解腰部肌肉紧张及疼痛。硬的床垫会使人的臀部压在床垫表面上，使脊椎下不处于一个不舒服的位置，因此更柔软更有弹性的骨盆区能使臀部贴合床垫，使人在睡眠时提供更强的床垫弹性及舒适性。膝盖区有腰椎区一样的稳固性，需要给膝盖提供合适的支撑。小腿区为小腿提供柔软的支撑，当弯曲膝盖时能给脚部提供舒适和压力缓解。脚踝区需要一定的稳固性，能给脚部提供舒适感。

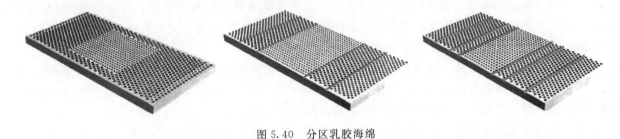

图 5.40 分区乳胶海绵

目前七区乳胶层为最流行的一种，单区、三区、五区因发泡制造工艺简单，因而价格较为便宜。七区段乳胶床垫是指按人体工程学原理将 2 米长的床垫分为七个区段，在外表上也可以辨别出来。一种七区乳胶层为不同区域的排气孔大小是不同的，每一区的透气孔都有独特的形状加以区别，用手按压能感觉出七个区段的软硬程度是不同的，也即七个区段密度压力是不一样的。一种七区乳胶成为不同区域的表面形状是不同的，针对特定部位的波浪设计，每个区段的波浪大小不一样，使每个区段的软硬程度不同，能使床垫更好的贴合身体，提供更加精准的对应支撑，增加床垫与身体的接触面积，合理分散身体重量。同理，每个区域采用不同的花型进行划分，使床垫的每个部分的软硬度不同，达到分区设计，使床垫更好地满足消费者的需求，如图 5.41 所示。

5.4.3 面料层

面料层是由 3 种结构缝合而成，最上层接触人体的表面材料为面料；中间层为海绵或者乳胶等弹性材料，以增加柔软度和舒适性，一些高档床垫还会使用羊毛、马毛或纳米竹炭等材料；最下层为衬布，通常是无纺布。

面料是包在床垫外面的织物，是面料层表面的材料，如图 5.42 所示。除了使用功能外，还起到装饰、保护和美化床垫的作用。

床垫的面料以全棉和涤纶为主，高档床垫采用织锦棉作为面料，也有用有光针织面料。一些高档

图 5.41　七区乳胶海绵

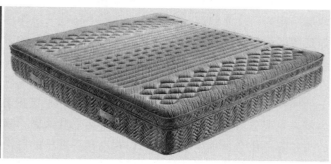

图 5.42　床垫面料

织布，除了更结实、卫生外，表面还经抗菌处理，有的床垫面料还经防尘防螨生化特别处理，能减少过敏反应，以帮助最大程度降低气喘、湿疹和鼻炎的危险，使睡眠者既舒适又健康。

面料主要分为全棉面料、提花面料、真丝面料、针织面料、印花面料。印花布为所用的不是染料而是涂料，布在之前有可能染上色了，然后又在布的外层涂上涂料，造成多色效果。用经线、纬线错综地在织物上织出凸起的图案称为提花。用提花工艺织成的布料，称为提花布。提花布厚重、结实、花色别致、立体感强。针织即是利用织针将纱线弯曲成圈并相互串套而形成的织物具有轻柔透气、质感舒适，花型设计独特，绗缝工艺精良的特点。

面料层中使用的海绵有：弹力棉、蛋形海绵、中软及超软海绵、羊毛棉、七孔棉、长绒棉等，普通海绵、弹力棉和蛋型海绵最常见。通常面料层里采用整卷海绵，不需要拼接，提高工作效率，同时减少胶水使用量，避免有害物质如甲醛的释放，确保产品环保。

衬布是指衬在面料内起衬托作用的材料。合理使用衬布可以使所做的床垫丰满、挺括、舒适，并使软覆材料与面料之间能有机结合。用于床垫上的衬布常见的为无纺布衬。无纺布衬是用80%的黏胶短纤维与20%的涤纶短纤维和丙烯酸酯黏合剂加工制成的。因不用纺纱，只用黏合剂黏合，故称无纺布衬，又称高弹性喷胶棉。

床垫的复合面料层通过绗缝的形状、花型不同也将其划分成不同区域，这样既能增加床垫的美观，也可以起到提示的作用。

5.5　软体家具结构设计实例

5.5.1　设计图
沙发设计图示例（图 5.43）。

5.5.2　结构装配图
沙发结构装配图（图 5.44）。

5.5.3　实物图
沙发实物图（图 5.45）。

设计说明：现代北欧风格的单人沙发，由实木框架和软包组成。框架材料为欧洲榉木，由榫卯结构进行连接，加上布艺坐垫和靠垫，简约舒适。

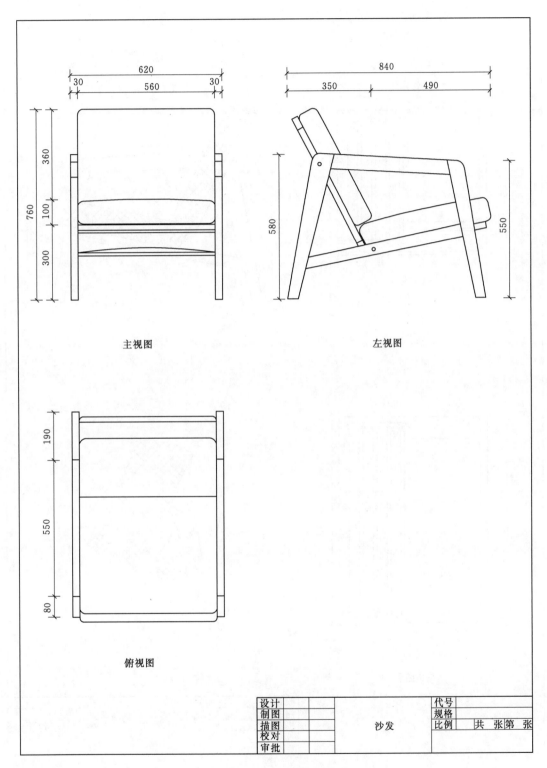

620
30 560 30

360
760 100
300

主视图

840
350 490

580 550

左视图

190

550

80

俯视图

设计			代号	
制图		沙发	规格	
描图			比例	共　张第　张
校对				
审批				

图 5.43　沙发设计图

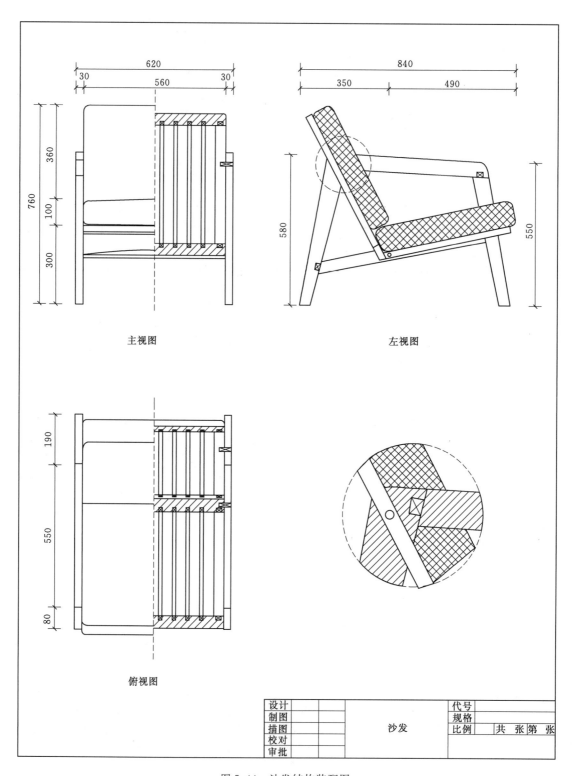

主视图

左视图

俯视图

设计		代号			
制图		规格			
描图		比例	共 张	第 张	
校对		沙发			
审批					

图 5.44 沙发结构装配图

图 5.45 沙发实物图

课后思考与练习

(1) 软体家具的定义和分类。

(2) 软体家具的主要材料有哪些？

(3) 沙发的外部和内部结构包括哪些？沙发的框架结构有哪些？

(4) 根据弹性主体材料，沙发的软体结构包括哪些？各有哪些构成？

(5) 床垫的结构包括哪些？弹簧层有哪些类型？

第 6 章

金属家具结构设计

金属材料与工具的革新不仅提高了人类改造自然的能力，而且成为社会发展历程中的重要转折因素，代表着人类的文化、科学和技术出现一个台阶式的跃进。由此，人们用当时所使用的金属定义文明形态，如"青铜器时代""铁器时代"等。现代工业社会中，金属在现代人的衣、食、住、行中扮演着非常重要的角色。金属在建筑中起着主要支撑作用，拓展了人们居住的高层空间；新金属材料的开发和利用促进了军事科学和航天科学的迅猛发展，拓展了人类活动的外层空间；金属在民用设施和家电器具上的使用，满足人们对功能和审美的需求。

6.1　金属家具概述

金属家具是完全由金属材料制作或以金属管材、板材或线材等作为主构件，辅以木材、人造板、玻璃、塑料等制作而成的家具。金属强度高、弹性好、富韧性，可进行焊、锻、铸造等加工，或弯成不同形状，营造出曲直、刚柔、纤巧、简洁等造型风格。

金属家具按组成划分，可以分为板类金属家具和框架类家具。

（1）板类金属家具。板类金属家具通常以金属板材作为主要材料，通常对板材的弯折成形加工出板类部件，部件之间通常焊接、铆接、紧固件连接以及销接等方式拼装成产品的结构类型，如图 6.1 所示。

图 6.1　板类金属家具

（2）框架类金属家具。框架类金属家具通常以型钢如方钢、圆钢等管材通过焊接、铆接、折弯等工艺加工成框架，用作家具的骨架部件，再根据家具结构特点的需要，中间填以板类部件作为家具，如图 6.2 所示。

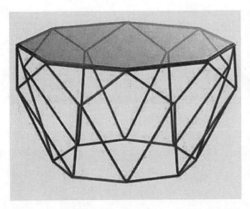

图 6.2　框架类金属家具

根据所用材料来分，金属家具可分为：全金属家具、金属与木质材料结合的家具、金属与其他材料结合的家具三大类。

（1）全金属家具。除了少量装饰件外基本上全部用金属材料构成的家具，称为全金属家具，如图 6.3 所示。由于金属材料的质感较差，全金属家具的数量较少，只用于一些特殊场合，如保险柜、档案柜、厨房设备、户外公共家具等。

图 6.3　全金属家具

（2）金属与木质材料结合的家具。金属与木质材料结合的家具是以金属材料为主要构件，装嵌木质板材制作而成的家具，如图 6.4 所示。金属材料大都采用不锈钢管或铝金属管等制作，人们习惯称这类家具为"钢木家具"。钢木家具常用于办公家具的工作站系统或民用家具桌椅类。

（3）金属与其他材料结合的家具。金属材料与其他材料（纺织、塑料、竹、藤等）结合制成，其在金属家具中所占比重也不小。玻璃与金属具有同样冷峻的质感，它与金属的结合，能打破原有的平淡，创造出更多的趣味，如金属框的玻璃柜门和玻璃餐台。塑料的使用能够软化金属坚硬的外在，而塑料的色彩、肌理以及表面加工的随意性，能提高产品外观造型的整体效果。在金属与塑料的搭配中，金属往往作为支撑架使用，产品常用于椅类。金属的质感较冷，为避免与人体的直接接触，同时给人一种柔软、舒适的感觉，在金属框架外需配上织物、皮革等软包材料，产品常见于沙发、办公椅等。金属材料与竹、藤、石材等结合，可制作出风格独特的家具。如钢藤躺椅、钢竹办公桌等，如图 6.5 所示。

图 6.4　金属与木质材料结合的家具

图 6.5　金属与其他材料结合的家具

6.2　金属家具的主要材料

6.2.1　金属家具的材料分类

金属材料包括金属和以金属为主的合金。金属及其合金数目繁多，为了便于使用，工业上常把金属材料分为黑色金属和有色金属两大类。黑色金属是指以铁（还包括铬和锰）为主要成分的铁及铁合金；有色金属是指除黑色金属以外的其他金属及其合金，如铝、铜、铅、锌等金属及其合金。

1. 铸铁

铸铁是指含碳量在 2.11% 以上的铁碳铸造合金，它是铸造生铁为原料，在重熔后直接浇铸成的铸件。

铸铁常用来制造强度、韧度要求不大高的，有良好消震性、耐磨性的零件。同时，铸铁的铸造性优于钢，而且价格低廉，制作方便，因此，铸铁在产品设计中应用非常广泛。它被大量地用作各种机床的床身，床脚，箱体，家具以及一些机电产品主要承受压力的壳体、箱体、基座等工艺产品的材料，如图 6.6 所示。铸铁成型工件机理较粗糙，反光较暗淡、质硬，在心理上给人以凝重、坚固、粗犷的质感效果。

工业上使用的铸铁种类很多，按其石墨的形态和组织、性能，可分为灰口铸铁、可锻铸铁、白口铸铁、球墨铸铁等。金属家具中的某些铸铁零件，如铸铁底座、支架及装饰件等一般用灰口铸铁（其中碳元素以石墨形式存在，断口呈灰色）制造。

2. 锻铁

含碳量在 0.15％以下的铁，称为锻铁、熟铁或软钢。其硬度小但熔点高，晶粒细而韧性强，不适于铸造，但易于锻制各种器物。利用锻铁制造家具历史较久，传统的锻铁家具多为大块头，造型上繁复粗犷者居多，是一种艺术气质较重的工艺家具，或称铁艺家具。锻铁家具线条玲珑，气质优雅，款式方面更趋多元化，由繁复的构图到简洁的图案装饰，式样繁多，能够满足多种类型的室内设计风格，如图 6.7 所示。

图 6.6　铸铁家具

图 6.7　锻铁家具

3. 钢

钢是指以铁为主要元素，含碳量在 0.02％～2.11％的铁碳合金。除铁以外，组成钢的另外一种元素是碳，而碳含量的多少则直接影响到钢的性能，含碳量越多，钢的硬度和强度就越大，但其延展性会随着碳含量的增加而降低。

在家具及室内装饰中常使用钢板与带钢、钢管等普通钢材、各种小型型钢和不锈钢、装饰钢板等特殊钢材，如图 6.8 所示。

图 6.8　钢家具

（1）常用钢板一般为薄板，通过热轧或冷轧生产，厚度在 0.2～4mm 之间，宽度在 500～1400mm 之间可选用普通碳素钢、优质碳素结构钢、低合金结构钢和不锈钢等材质。热轧薄钢板主要用于金属家具的内部零部件及不重要的外部零部件，冷轧薄钢板则用于外部零件。优质碳素结构钢薄钢板主要用于制作金属家具外露重要零部件，如台面、靠背、封帽等。带钢实际上是成卷供应的薄钢板带，带钢可以在冲床上连续冲切零件，也用于制作焊管等。

（2）钢管分为无缝钢管和焊接钢管，无缝钢管按制造方法分为热轧、冷轧和挤压钢管等。家具及室内装饰中一般选用薄壁冷拔无缝钢管，其特点是重量轻、强度大。此外，高频焊接钢管也较为常用，这种钢管强度高、重量轻、富有弹性、易弯曲、易连接、易装饰，常用于制造金属家具的骨架。

（3）小型型钢包括圆钢、方钢、扁钢、工字钢、槽钢、角钢及其他品种。主要用于金属家具的结构骨架及连接件等。

（4）不锈钢是指以铬为主要合金元素的合金钢。铬含量越高，其抗腐蚀性越好。不锈钢中的其他元素，如镍、锰、钛、硅等也都对不锈钢的强度、韧性和耐腐蚀性有影响。由于铬的化学性质比较活泼，首先与环境中的氧化合生成一层与钢基体牢固结合的致密氧化层膜，这层钝化膜能够阻止钢材内部继续锈蚀，从而起到保护不锈钢的作用。不锈钢板除了高耐腐蚀性外，经过抛光加工还可以得到很高的装饰性能和光泽保持能力，常用于台面、家具装饰构件等。不锈钢薄钢板也可以加工成各种冷弯型材、管材、冲压型材等，用作金属家具的框架、压条、把手等。此外，表面加工技术可以在不锈钢板表面做出蓝、灰、红、金黄、绿、橙、茶色等多种颜色，在一定程度上提高了不锈钢材料的装饰性能。

（5）装饰钢板是在钢板基材上覆有装饰性面层的钢板。装饰钢板兼有金属板的强度、刚度和面层材料（一般为涂料、塑料、搪瓷等）优良的装饰性和耐腐性，在高档的公用家具中得到重视，用于制作文件柜、档案柜、书柜等家具。

4. 铝及铝合金

铝是属于有色金属中的轻金属，密度约为 $2.7g/cm^3$，仅为钢铁的 1/3。铝的表面为银白色，光反射能力强，铝的导电性和导热性仅次于铜，可用来做导电与导热材料。

铝是化学性质活泼的金属元素，暴露在空气中表面易生成一层致密的氧化铝薄膜，这层薄膜可以保护内部不再继续氧化，具有一定的耐蚀性。铝的延展性良好，可塑性强，强度和硬度较低，常加入合金元素。

铝合金在铝中入铜、镁、硅、锰、锌等合金元素形成各种类别的铝合金以改变铝的某些性质。

与碳素钢相比，铝合金的弹性模量约为钢 1/3，而强度为钢的 2 倍以上。铝合金既保持了铝质量轻的特性，机械性能明显提高，大大提高了其使用价值，广泛运用于金属家具的结构框架、五金配件中，如图 6.9 所示。

5. 铜及铜合金

铜是一种容易精炼的金属材料，铜的密度为 $8.92g/cm^3$，具有高导电性、耐蚀性及良好的延展性、易加工性，可压延成薄片和线材，是良好的导电材料。

在家具中，铜材是一种高档装饰材料，用于现代金属家具的结构和框架等，家具中的五金配件（如拉手、销、合页等）和装饰构件等均广泛采用铜材，如图 6.10 所示。

铜合金在铜中掺入锌、锡等元素形成铜合金。铜合金既保持了铜的良好塑性和高抗蚀性，又改善了纯铜的强度、硬度等机械性能。常见的铜合金有黄铜（铜锌合金）、青铜（铜锡合金）等。

（1）黄铜是铜与锌的合金。随着锌含量的不同，铜锌合金的色泽和机械性能也随之改变。含锌量约为 30%的黄铜塑性最好，含锌量约为 40%的黄铜强度最高。黄铜可以进行挤压、冲压、弯曲等冷加工成型。黄铜不易偏析，韧性较大，但切削加工性能差。为了进一步改善黄铜的机械性能、耐蚀性或工艺性能等，还可以在合金中加入铅、锡、镍等成为特殊黄铜。黄铜主要用于制作铜家具的骨架、五金件及装饰件等。

（2）青铜是以铜与锡为主要成分的合金。锡青铜具有良好的强度、硬度、耐蚀性和铸造性。由于锡的价格较高，出现了多种无锡青铜，如硅青铜、铝青铜等，可作为锡青铜的代用品。无锡青铜具有较高的强度、优良的耐磨性及良好的耐蚀性，适用于生产家具的各种零部件及装饰装修。

| 图 6.9　铝家具 | 图 6.10　铜家具 |

6.2.2　金属家具的材料特性

金属材料的特性与其内部微观结构有关。金属材料内部的原子以金属键结合力主，在这种结合方式中，原子的点阵中存在大量的自由电子，而自由电子能够在外场的作用下产生相应的效应；同时，由于自由电子与正离子之间有较强的结合力，而自由电子在离子键的点阵中又可以自由运动，所以，金属材料的特性表现在以下几个方面：

（1）具有良好的导电和导热性能。

（2）表面具有金属所特有的色彩与光泽。

（3）具有良好的延展性，易于加工成型。

（4）可以制成金属间化合物，可以与其他金属或非金属在熔融态下形成合金。

（5）除少数贵重金属外，几乎所有金属的化学性能都较为活泼，易于氧化而生锈，产生腐蚀。

（6）表面工艺性能良好，可以进行装饰以获得理想的表面质感。

金属材料的机械性能主要是指力学性能，包括强度、塑性、硬度、冲击韧性等。一般来说，金属具有较高的强度（包括抗拉强度、抗压强度、抗弯强度、抗剪强度等）；具有良好的塑性，利于锻压、冷冲、冷拔等压力加工成型工艺；具有较高的硬度和较好的耐磨性；具有较强的抗冲击性和弹性变形能力。

通常，金属材料的各种机械性能是有一定联系的，例如提高了金属材料的强度、硬度，则往往会降低其塑性、韧性；为了提高其韧性、塑性，有时会削弱其强度。

金属材料的加工性能是指经受各种加工方法的难易程度，实质上是其物理、化学、机械性能的综合。按照工艺方法的不同，可分为铸造性、锻造性、焊接性和切削加工性等。

铸造性主要包括流动性、收缩性和偏析倾向等。流动性好的金属，可以铸出细薄精致的铸件；而金属的收缩性会引起铸件体积的缩小，产生缩孔、缩松、收缩应力、弯曲变形开裂等缺陷；偏析倾向易导致铸件各处性能的差异，从而降低零件的质量。一般灰口铸铁都具有良好的铸造性。

锻造性一般与材料的塑性及其塑性变形抗力有关。如普通低碳钢由于其塑性指标较高而具有良好的可锻性，塑性低的金属，如铸铁，则难以进行压力加工。

焊接性是指它易于用焊接方法连接起来，而不需附加特殊措施即能获得优良焊接质量的性能。一种材料的焊接性除了与材料本身各种性能相关外，还与焊接工艺方法有关，某些新工艺的出现往往会改变人们对某些金属材料焊接性的认识，如通常认为铝及铝合金的焊接性较差，但由于氩弧焊的应用，使得铝合金的焊接变得不再那么困难。总的说来，低碳钢、低合金钢具有良好的焊接性，铸铁的焊接性较差。

金属的切削加工性与金属材料的硬度、韧性、导热性等许多因素有关。切削加工性能好的金属材料对使用的刀具磨损量小，加工表面也比较光洁。一般来说，硬度在 HB200（HB 指布氏硬度）只有钢材具有良好的切削加工性。就金属材料来说，铸铁、黄铜、铝合金等切削加工性良好，而纯铜、不锈钢的切削加工性则较差。

6.3　金属家具的连接结构

家具的结构主要取决于造型要求、材料使用及加工工艺选择。由于金属材料的特性，所以金属家具的结构与木质家具有较大区别。金属家具适宜于采用拆装、折叠、套叠、插接等结构形式，零部件连接可使用焊接、铆接、螺纹连接、咬接等多种方式。

6.3.1　金属家具的结构类型

结构形式取决于造型、使用功能以及所采用的材料特点和加工工艺的可能性。按结构的不同特点，我们将金属家具的结构分为：固定式、拆装式、折叠式、插接式。

（1）固定式，这类结构是指产品零部件之间均采用焊接、固定铆接、咬接等连接方式，连接后不可拆卸，各零部件间也没有相对运动，如图 6.11 所示。这种结构形态稳定、牢固度好、有利于造型设计，常用于一些重载的柜类家具，如金属文件柜、书柜等，但表面处理较困难，占也给后面的镀、涂工艺带来一定的困难。常因生产场地和设备条件的限制，而不得不将大构件分解开进行镀、涂加工，镀、涂后再焊接或铆接在一起。因而使工艺繁琐，工效下降，体积较大，增加包装运输费用，有损产品的竞争能力。

图 6.11　固定式结构

（2）拆装式，这类结构是将产品分解成几大部件，用螺栓、螺钉及其他可拆连接起来，如图 6.12 所示。要求拆装方便稳妥，讲究紧固件的精度、强度、刚度，并要加防松装置等。拆装式有利于设计多用的组合家具。优点是零构件可拆卸，便于镀、涂加工，体积可以缩小，利于远途运输，减少包装费用，特别是大型或组合的家具，其经济效果更为明显。缺点是拆装过于频繁时，容易加速连接件及紧固件的磨损，不及固定式的牢靠稳定。

（3）折叠式，折叠结构的典型特征是以铆接结合铰链的方式将重要的零配件装配在一起。由于铆接提供给每个零件旋转和位移的便利，家具的支架可以折叠起来达到结构变形的目的，如图 6.13 所示。结构变形起到了自由伸缩零件、变换尺度和放缩家具形体的作用，使折叠家具便于人们提携和运输。金属家具的折叠结构普遍适用于钢管椅、钢木家具系列和金属支架的沙发，它们的共性在于管材连接设计的优越性。折叠家具又可分为折动式与叠积式家具，常用于桌、椅类。

折动结构是利用平面连杆机构原理，应用两条或多条折动连接线，在每条折动线上设置不同距离、不同数量的折动点，同时，必须使各个折动点之间的距离总和与这条线的长度相等，这样才能折得动，合得拢。

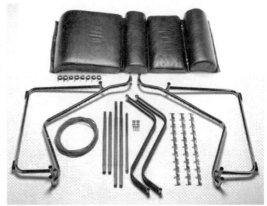

图 6.12　拆装式结构

图 6.13　折叠式结构

　　叠积式主要按照叠积的功能要求设计，其主要连接方式为焊接、铆接和螺钉连接等固定连接，没有相对运动，但在高度方向是多件重叠放置。叠积家具不仅节省占地面积，还方便搬运。越合理的叠积（层叠）式家具，叠积的件数也越多。叠积式家具有柜类、桌台类、床类和椅类，但常见的是椅类。这些产品广泛使用于餐厅、会场、酒楼等场所。进行这一设计时，应注意套叠时的稳定与平衡，防止碰撞摩擦，因而对加工工艺也有较高的精度要求。

　　（4）插接式，又名套接式，是利用产品的构件之一管子作为插接件，将小管的外径插入大管的内径之中，从而使之连接起来。亦可采用压铸的铝合金插接头，如二通、三通、四通等。这类形式同样可以收到拆装的效果，而且比拆装式的螺钉连接方便得多。竖管的插入连接，利用本身自重或加外力作用使之不易滑脱，如图 6.14 所示。

6.3.2　金属家具的连接形式

　　金属家具的金属件与木质材料及塑料件之间大都采用螺栓或螺钉、铆接等方式进行连接；金属与玻璃之间往往采用胶接和嵌接。而金属零件之间的连接方式则较多，各种连接方式都有各自的特点，在结构设计时应根据造型及功能要求、材料特性、加工工艺来进行选择。

图 6.14　插接式结构

6.3.2.1　焊接

　　焊接不同于螺钉连接，铆钉连接等机械连接方法。利用专门设备，通过加热或加压让金属熔化，使分离的两部分金属靠得足够近，原子互相扩散，形成原子间的结合。这就是焊接的实质。在金属家具制造中，焊接是零件连接的主要手段之一，其加工工艺简单、牢固度好、节约材料、操作灵活，但手工操作较多，难以实现自动化，而且因加热的缘故零件易产生变形。

　　1. 焊接工艺

　　根据家具所用材料及结构的特点，金属家具目前主要采用的焊接工艺有熔化焊（气焊、电弧焊、二氧化碳气体保护焊）、压力焊（电阻焊、电容储能焊）、钎焊（软钎焊、硬钎焊），钎焊大量用于刀具刀齿与刀体间的焊接。根据焊接空间位置，焊接工艺有平焊、立焊、横焊和仰焊。

　　（1）熔化焊。熔化焊利用局部加热方法，把工件的焊接处加热到熔化状态，形成熔池，然后冷却结晶，形成焊缝，将两部分金属连接成为一个整体。

　　1）气焊是利用气体火焰作为热源溶化母材和填充金属的焊接方法。气焊使用的气体一般为乙炔和氧气。乙炔和氧气混合燃烧形成的火焰称为氧乙炔焰。气焊的焊丝只作为填充金属与溶化的母材一起形成焊缝。气焊不锈钢、铜、铝、铸铁等金属材料时，还应使用气焊熔剂，以去除焊接过程中形成的氧化物，改善液态金属的流动性，并起保护作用，促使获得致密的焊缝。气焊一般应用于厚度在3mm以下的低碳钢薄板和管子的焊件，对于焊接质量要求不高的不锈钢、铜和铝合金，也可采用气焊。气焊在家具生产中占有较重要的地位。

　　2）手工电弧焊是利用电弧产生的热量熔化母材和焊条的手工操作焊接方法。电弧温度可达6000K，产生的热量与焊接电流成正比。焊接前，把焊钳和焊件分别接到弧焊机输出端的两极，并用焊钳夹持焊条。焊接时，首先在焊件和焊条之间引出电弧，电弧同时将焊件和焊条熔化，形成金属熔池。随着电弧沿焊件方向前移，被熔化的金属迅速冷却，凝固成焊缝，使两焊件牢固地连接在一起。由于它所需的设备简单，操作灵活，对空间不同位置、不同接头形式、短的或曲的焊缝均能方便地进行焊接。

　　3）气体保护焊是用外加气体保护电弧区的熔滴和熔池及焊缝的电弧焊，简称气体保护焊。保护气体通常有两种：一种是惰性气体如氩气和氦气；另一种是活性气体如二氧化碳气。二氧化碳气体保护焊是以二氧化碳气体为保护介质的电弧焊方法。它是用焊丝作电极，以自动或半自动方式进行焊接。二氧化碳气体保护焊的主要优点是生产效率高；焊接质量好；操作简便灵活，容易掌握；可以进行全位置焊接。但缺点是飞溅较大，焊缝成形不够光滑美观；大电流焊接时弧光强烈，烟雾较大，需加强防护。

（2）压力焊。压力焊在焊接过程中需要加压的一类焊接方法称为压力焊。

1）电阻焊又称接触焊，利用电流通过焊件及其接触面产生的电阻热，把焊件加热到塑性或局部熔化状态，再在压力作用下形成接头。电阻焊生产率很高，焊接变形小，易于实现自动化。但电阻焊设备昂贵，投资大。适应于成批、大量生产。工件的电阻总是有限的，为了使工件在极短的时间内（0.01秒至几秒内）迅速加热以减少热损失，所以，使用的焊接电流很大（几千至几万安培），应采用电压低但功率很大的焊机。按接头形式电阻焊可分为点焊、缝焊、对焊。

2）电容储能焊接也是接触焊的一种，采用电储能式焊接电源，可适应于点焊、缝焊和对焊工艺。电容储能焊在华北等地区的金属家具生产中应用较多。电容储能焊接是在较长的时间内，用低功率的电源给电容充电，在很短的时间内使电容向焊接变压器放电，产生很大的电流脉冲以加热工件。由于充电电流的大小可以控制，所以能在较长时间内充电，故从电网取用功率小。由于放电时间极短，故能量集中，焊接热影响区小，焊接变形小。电容储能焊接适合焊接较薄的工件，以及薄厚差别较大或材料性质差别较大的工件，并且焊缝美观。

由于金属家具主要是用薄壁管材和薄的板材，通过成型加工以后铆接和焊接而成，并且要求焊接接头光滑美观，变形量小。采用电储能焊接能满足上述要求。目前较普遍的是用于钢管折椅前后腿撑子即T形焊的点焊、封帽及螺柱焊等。点焊时，焊机与普通点焊机外形基本相同，只是焊接电源改用电容储能电源。

（3）钎焊。钎焊利用熔点比母材（被焊材料）熔点低的填充金属（称为钎料或焊料），在低于母材熔点、高于钎料熔点的温度下，利用液态钎料在母材表面润湿、铺展和在母材间隙中填缝，与母材相互溶解与扩散，而实现零件间的连接的焊接方法。

2. 焊接结构设计

焊接结构的设计要根据结构的使用要求，包括一定的形状、工作条件和技术要求等，考虑结构工艺性，力求焊接质量良好，焊接工艺简便，生产率高，成本低。焊接结构工艺性一般包括三方面，即焊接结构材料的选择，焊缝布置，焊接接头和坡口形式设计等。

（1）焊接结构材料的选择。在保证结构使用要求前提下，应尽量选择焊接性能优良的材料来制造焊接结构件。常用金属材料，一般都可焊，但其难易程度不同，即其焊接工艺的复杂程度不同，焊接接头性能下降程度不同。

异种金属的焊接需特别注意它们的可焊性。低碳钢和低合金钢系列，化学成分和物理性能都比较接近，它们之间进行异种焊接时，一般困难不大。但低碳钢和低合金钢与其他钢材焊接时，一般要求接头强度大于被焊钢材的最低强度，所以，设计时需要对焊接材料提出要求。有些异种金属，几乎不可能用焊接方法连接在一起。在一般情况下，应尽量减少异种金属的焊接，以简化制造工艺。

（2）焊缝布置。在焊接结构中焊缝的布置对焊接质量和生产率有很大影响。焊缝要避开应力较大部位，尤其是应力集中部位。由于焊接接头性能下降，往往低于母材性能，而且焊接接头还存在残余应力，因此，要求焊缝避开应力大的部位，特别是要避开结构上应力集中的部位。

焊缝应避免密集交叉。这是因为多次焊接，过热严重，接头性能要严重下降，同时，焊接残余应力也大，要降低承载能力，甚至引起裂纹。因此，压力容器规定，不能采用十字焊缝，而且焊缝与焊缝之间要有一定距离。其他焊接结构的焊缝位置也应避免集中交叉。

焊缝设置应尽量对称。最好是能同时施焊，以减少焊接变形。焊缝一般应避开加工部位。不但要避开机械加工部位，更主要的是避开冷作硬化部位。

尽量减少焊缝长度和焊缝截面。这样可以减少焊接加热，减少焊接残余应力和变形，减少接头性能下降，减少焊接材料成本，提高劳动生产率。因此，可以不要求连续的焊缝，应该设计为断续焊缝。有时，可利用型钢或冲压件，以减少焊缝。这需要比较构件的综合质量要求，各种加工方案的成本，以及加工条件的可能性。

焊缝应尽量设计在能实行平焊的位置，以便于保证焊接质量与提高劳动生产率。并且在焊接生产时，尽量少翻转，以提高生产率。

（3）接头形式及坡口形式设计。接头形式指母材焊接处的相对位置。接头形式的选择是根据结构的形状和焊接生产工艺而定，要考虑易于保证焊接质量和尽量降低成本，如图 6.15 所示。

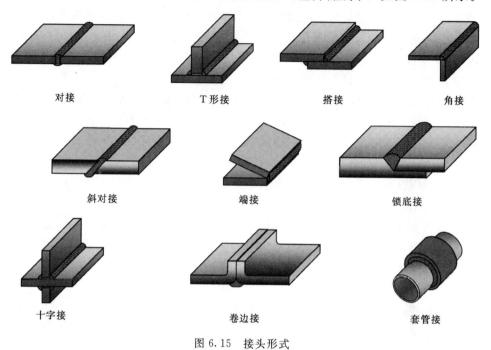

对接　　　　T 形接　　　　搭接　　　　角接

斜对接　　　　端接　　　　锁底接

十字接　　　　卷边接　　　　套管接

图 6.15　接头形式

1）手工电弧焊对接基本坡口形式，如图 6.16 所示。

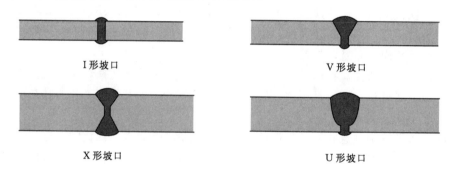

I 形坡口　　　　　　　　V 形坡口

X 形坡口　　　　　　　　U 形坡口

图 6.16　对接坡口形式

2）角接基本坡口形式，如图 6.17 所示。

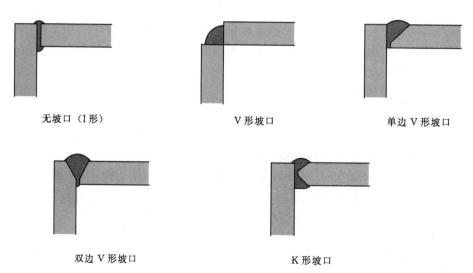

无坡口（I 形）　　　　V 形坡口　　　　单边 V 形坡口

双边 V 形坡口　　　　K 形坡口

图 6.17　角接坡口形式

3）T形接基本坡口形式，如图 6.18 所示。

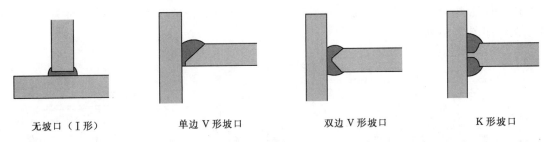

无坡口（Ⅰ形）　　　单边Ⅴ形坡口　　　双边Ⅴ形坡口　　　K形坡口

图 6.18　T形接坡口形式

4）管材对接形式，如图 6.19 所示。

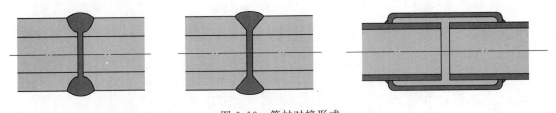

图 6.19　管材对接形式

5）圆管 T形接形式，如图 6.20 所示。

6）矩形截面管材 T形接形式，如图 6.21 所示。

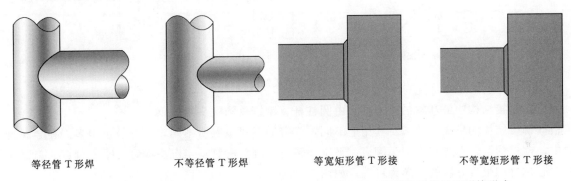

等径管 T形焊　　　不等径管 T形焊　　　等宽矩形管 T形接　　　不等宽矩形管 T形接

图 6.20　圆管 T形接形式　　　　图 6.21　矩形截面管材 T形接形式

7）管件与板件的焊接形式，如图 6.22 所示。

6.3.2.2　铆接

　　铆接是指在两零件钻出通孔后再用铆钉连接起来，使之成为不可拆卸的结构形式。由于焊接技术的发展和广泛采用，金属家具的非活动部件大部分已被焊接所代替。

　　这种连接方式具有较好的韧性和塑性，传力均匀可靠，且不会损伤原零件（如焊接热变形、镀涂层等），目前大多数铆钉用于金属折叠椅、凳、桌等的活动部件上，有些不宜焊接的固定式家具也可采用铆接（如铝合金零件等）。

　　铆接方法根据不同的分类方式有热铆、冷铆和混合铆，以及手工铆和机械铆等多种形式。一般金属家具用铆钉直径大都小于 8mm，故均采用冷铆，具体的连接方式则有活动铆接和固定铆接。活动铆接又称为铰链铆接，铆接后零件之间可以绕其结合

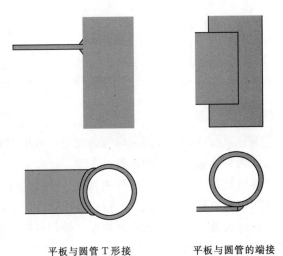

平板与圆管 T形接　　　平板与圆管的端接

图 6.22　管件与板件的焊接形式

部位相互转动，折叠家具常用这种方式，它靠零件绕结合部件转动来实现折叠，如图 6.23 所示。固定铆接后两零件连为一体，不能相对运动或转动，铝合金零件、铸件以及金属零件与木质零件可用这种方式连接，如图 6.24 所示。

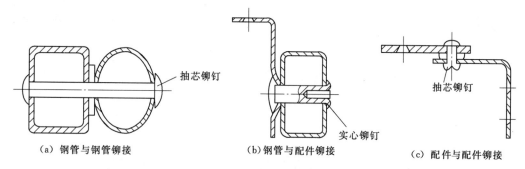

（a）钢管与钢管铆接　　　　（b）钢管与配件铆接　　　　（c）配件与配件铆接

图 6.23　活动式铆接结构

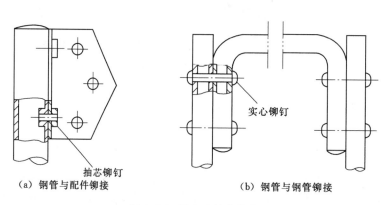

（a）钢管与配件铆接　　　　　　　（b）钢管与钢管铆接

图 6.24　固定式铆接结构

铆钉是铆接结构中最基本的连接件，由圆柱杆、铆钉头和镦头组成。

根据铆接结构的形式、要求及其用途不同，铆钉的形式也有所不同，其种类也很多。在金属铆接结构中，常见的铆钉形式有半圆头铆钉、平锥头铆钉、沉头铆钉、半沉头铆钉、平头铆钉、扁圆头铆钉、空心铆钉和最近发展的抽芯铆钉等，如图 6.25 所示。

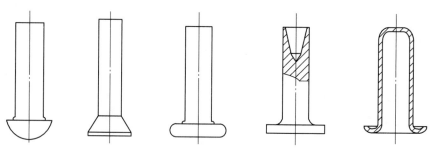

图 6.25　各类铆钉

铆钉系标准件，按国家标准的规定，可根据需要进行选用。铆钉的直径、长度及被连接件钻孔直径则需根据相关要求合理选择。

铆钉直径需根据被连接件的大小、受力程度、连接部位的强度及刚度要求来选择。一般铆接板形零件，铆钉直径为板厚的 1.8 倍；铆接管件时，应根据管径、管壁厚及强度和刚度要求来选择。

铆钉长度除考虑铆接零件的厚度外，还须留有足够的伸出长度作为铆头所需长度。不同形式铆钉其铆头伸出长度有所不同。

如采用手工铆接可留短些，机械铆接或电镀零件则应适当留长些。国家标准已规定了相应直径铆钉的标准长度，如选用标准铆钉，长度无法满足要求时，可用一些非标铆钉或选用更长一级的铆钉截去一段使用。

被连接件通孔大小应根据铆钉直径、零件表面装饰方式及连接要求来选择。如果是管件与管件铆接，通孔直径可稍大于表中数值。

6.3.2.3 螺栓与螺钉连接

金属家具某些部件之间装配后又可以拆装的结构，称为可拆连接。而螺栓或螺钉是可拆连接的一种。它具有安装容易、拆卸方便的特点，同时便于零件电镀等表面处理。

螺纹是由专用车床车制而成，螺纹在外表面的称为外螺纹（如螺钉、螺栓、丝杆），螺纹在内表面的称为内螺纹（如螺母、管接头等）。外螺纹或内螺纹的最大直径称为螺纹外径（又称为公称直径），最小直径称为螺纹内径。沿螺纹的轴心线将螺纹切开，就可以看到螺纹的断面形状，称为牙型，最外部分称为牙尖，最内部分称牙底。两个相邻的牙尖或牙底之间的轴向距离称为螺距。通常把牙型、外径、螺距称为螺纹三要素。

螺纹有标准螺纹、特殊螺纹、非标准螺纹3种。标准螺纹的牙型、外径、螺距都符合标准。特殊螺纹是牙型符合标准，但外径或螺距有一种不符合标准。凡是牙型不符合标准的称为非标准螺纹。

家具上所用的螺纹基本上采用的是标准螺纹，标准螺纹有普通螺纹、管螺纹、梯形螺纹等。这些螺纹只要知道它的外径和标准代号，就可以从有关的标准中查出全部尺寸。

螺纹连接是一类可拆的连接，它具有结构简单、连接件来源广、拆装方便等优点。螺栓、螺钉、螺母均为标准件，可外购，既可用于活动连接，也可用于固定连接。金属家具中的螺纹连接有普通连接和特殊连接两类。普通连接是指采用普通牙型的螺纹连接件（螺栓、螺钉、螺母）实现两零件间的连接，其螺纹直径一般在8mm以下；特殊连接是指采用特殊牙型螺纹连接件（如梯形螺纹等）进行零件间的连接，实现零件间的相对运动，如转椅的转动装置就属于此种。在不影响家具使用及造型的情况下，应直接选用标准的螺纹连接件（螺栓、螺钉、螺母），对不宜采用标准螺纹连接件的场合，可用一些非标准件或将标准件改制后使用。

根据连接件不同，螺纹连接有螺钉连接和螺栓连接等形式。螺钉连接中又有机制螺钉连接、自攻螺钉连接、木螺钉连接。一般钢质件大都用机制螺钉，铝合金件常用自攻螺钉，而木螺钉则用于金属件与木质零件的连接。薄壁钢管或薄钢板构件间采用机制螺钉连接，最好不要直接在构件上攻螺纹，而是使用螺母，如实在需要，应冲孔后再攻螺纹，如图6.26和图6.27所示。

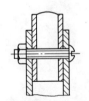 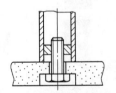 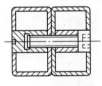 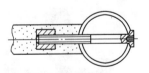

（a）半圆头螺钉、螺母连接　（b）螺栓、螺母片连接　（c）圆柱头内六角螺钉、　　（d）平头内六角螺钉、
　　　　　　　　　　　　　　　　　　　　　　　　　　　　　　螺母芯连接　　　　　　　圆柱螺母连接

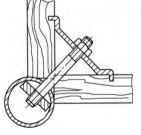 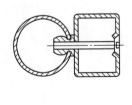

（e）双头螺柱、螺母片连接　　　　　　　　（f）沉头螺钉、铆螺母连接

图6.26　螺钉螺栓连接

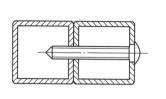 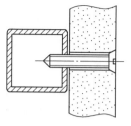 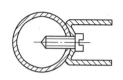

（a）半沉头自攻螺钉连接　　　　（b）沉头自攻螺钉连接　　　　（c）平头自攻螺钉连接

图 6.27　自攻螺钉连接

6.3.2.4　插接

插接主要用于插接式家具两个零件之间的滑配合或紧配合。销也是一种通用的连接件，主要应用于不受力或受较小力的零件，起定位和帮助连接作用。销的直径可根据使用的部位、材料适当确定。起定位作用的销一般不少于两个；起连接作用的销的数量以保证产品的稳定性来确定，如图 6.28 和图 6.29 所示。

（a）缩口插接　　　　（b）滑动插接　　　　（c）三通插接

图 6.28　插接方式

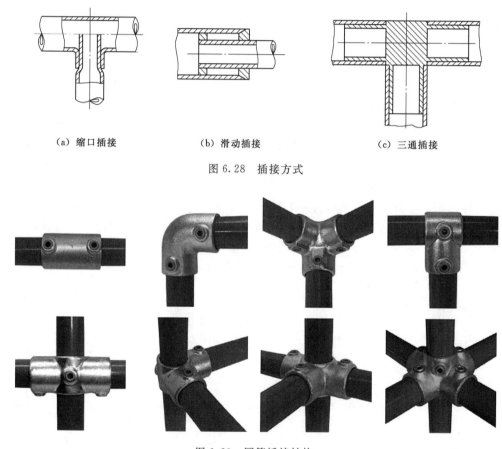

图 6.29　圆管插接结构

6.4　现代金属家具结构设计实例

6.4.1　设计图

某茶几设计图，如图 6.30 所示。

6.4.2　结构图

某茶几结构图，如图 6.31 所示。

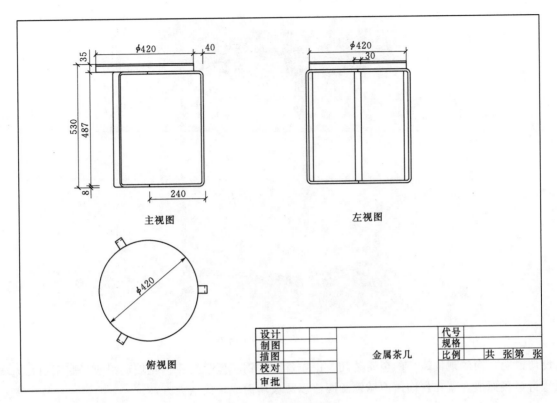

主视图　　　　　　　　　左视图

俯视图

设计				代号		
制图			金属茶几	规格		
描图				比例	共　张第　张	
校对						
审批						

图 6.30　茶几设计图

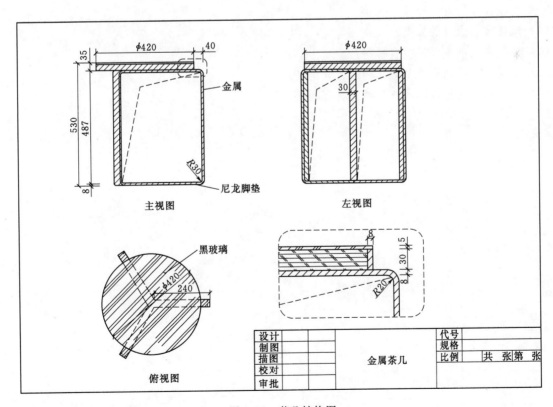

主视图　　　　　　　　　左视图

黑玻璃

俯视图

设计				代号		
制图			金属茶几	规格		
描图				比例	共　张第　张	
校对						
审批						

图 6.31　茶几结构图

6.4.3 实物图

某金属茶几实物图,如图 6.32 所示。

图 6.32 金属茶几实物图

设计说明:简约现代风格的金属茶几,由拉丝不锈钢和黑色烤漆钢化玻璃组成。底座由三条不锈钢腿弯折焊接而成,茶几台面由不锈钢圆圈镶以圆玻璃而成,简洁大方。

课 后 思 考 与 练 习

(1) 概述金属家具的分类。

(2) 金属家具的主要材料有哪些?

(3) 金属家具的结构类型有几种?各有何特点?

(4) 金属家具的连接形式有几种?各有何特点?

家具结构制图规范与图样表达

在家具结构制作的过程中，为了使图样正确无误的表达设计者的意图，制图过程中就要遵循一定的图样表达规则，这就是制图规范。本章主要介绍《家具制图》标准中有关家具结构制图的规范和常用图样表达。

7.1 家具结构图制图规范

7.1.1 图幅与图标

根据国家标准，图纸应优先采用表 7.1 所规定的基本幅面。在特殊情况下，也允许使用加长幅面。

表 7.1   **基 本 幅 面**   单位：mm×mm

幅面代号	A0	A1	A2	A3	A4
尺寸 $B \times L$	841×1189	594×841	420×594	297×420	210×297

7.1.2 图框格式

在图纸上，必须用各种粗实线画出图框，一般情况下采用的格式如图 7.1～图 7.3 所示。

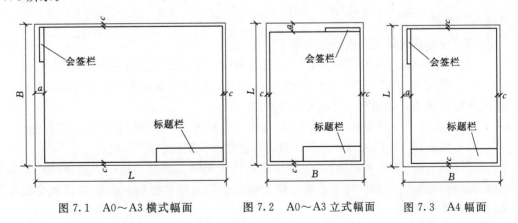

图 7.1　A0～A3 横式幅面　　　图 7.2　A0～A3 立式幅面　　　图 7.3　A4 幅面

图纸以短边作垂直边称为横式，以短边作为水平边称为立式。一般 A0～A3 图纸宜采用横式，必要时也可用立式，幅面及图框尺寸见表 7.2。

7.1.3 标题栏

每张图纸上都必须有标题栏。图 7.4 和图 7.5 为国家标准推荐的家具制图简化标题栏参考格式。

尺寸代号	幅 面 代 号				
	A0	A1	A2	A3	A4
$B×L$	841×1189	594×841	421×594	297×420	210×297
c	10			5	
a	25				

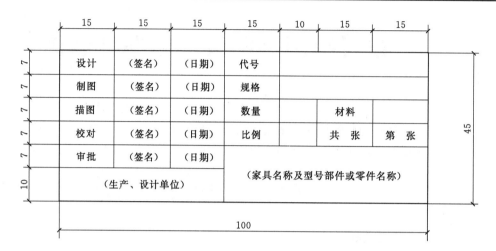

图 7.4   零部件图标题栏

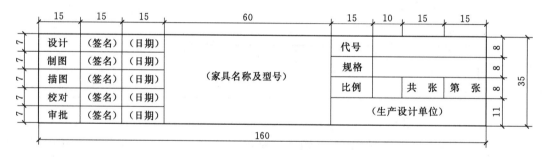

图 7.5   结构装配图标题栏

7.1.4   图线

图线在家具设计制图中的应用如下。

（1）实线（宽 b）：①基本视图中可见轮廓线；②局部详图索引标志。

（2）粗实线（1.5～2b）：①剖切符号；②局部详图可见轮廓线；③局部详图标志；④局部详图中连接件简化画法；⑤图框线及标题栏外框线。

（3）虚线（$b/3$ 或更细）：不可见轮廓线，包括玻璃等透明材料后面的轮廓线。

（4）粗虚线（1.5～2b）：局部详图中，连接件外螺纹的简化画法。

（5）细实线（$b/3$ 或更细）：①尺寸线及尺寸界限；②引出线；③剖面线；④各种人造板、成型空心板的内轮廓线；⑤小圆中心线，简化画法表示连接位置线；⑥圆滑过渡交线；⑦重合剖面轮廓线；⑧表格分格线。

（6）点划线（$b/3$ 或更细）：①对称中心线；②回转体轴线；③半剖视分界线；④可动零部件的外轨迹线。

（7）双点划线（$b/3$ 或更细）：①假想轮廓线；②表示可动部分在极限或中间位置时的轮廓线。

（8）双折线（$b/3$ 或更细）：①假想断开线；②阶梯剖视分界线。

（9）波浪线（$b/3$ 或更细）：①假想断开线；②回转体断开线；③局部剖视的分界线。

家具制图标准中规定的图线种类和粗细度见表 7.3。

表 7.3　　　　　　　　　　　　　　家具制图标准规定图线的种类和粗细

图线名称	图线型式	图线宽度
实线	————————————	b（0.25～1mm）
粗实线	————————————	1.5b～2b
虚线	- - - - - - - - - - - -	b/3 或更细
粗虚线	▬ ▬ ▬ ▬ ▬ ▬ ▬ ▬	1.5b～2b
细实线	————————————	b/3 或更细
点划线	—— · —— · —— · ——	b/3 或更细
双点划线	—— ·· —— ·· ——	b/3 或更细
双折线	——⌇——⌇——	b/3 或更细
波浪线	～～～～～～～	b/3 或更细（徒手绘制）

7.1.5　字体

　　家具制图中大量的使用汉字、数字、拉丁字母和一些符号，他们是图纸的重要组成部分，在国家标准中给予了严格的要求，如：汉字采用简化字的长仿宋体，高度不小于 3.5mm；拉丁字母写成斜体和直体，与水平基准线成 75°；在同一图样上，只允许用一种形式的字体等，如图 7.6 所示。

图 7.6　文字示例

7.1.6　绘图比例

　　比例即图样中图形与其所表达的实物相应要素的线性尺寸之比。国家标准对家具图样的制图比例和标注方法做了规定，用"："表示比例符号。家具制图中常用的标准比例系数见表 7.4。

　　在图样中，无论图形大小，标注尺寸总是按实际大小标出的。在同一张图纸上，各个基本视图应取同一比例，在标题栏中比例一项写明。图中其他视图采取不同比例时要单独在该视图图名中注明，局部详图则要单独标注比例。对于一些家具中的异形构件，则需要用 1：1 原值比例在另一张图纸中单独画出。

表 7.4　　　　　　　　　　　　　　　标 准 规 定 比 例 系 列

种　　类	比　　例	种　　类	比　　例
原值比例	1∶1	缩小比例	1∶2，1∶5，1∶10
放大比例	5∶1，2∶1		

7.1.7　尺寸标注

家具制图标准中规定图样上尺寸标注一律以毫米为单位。一个完整的尺寸一般由尺寸线、尺寸界线、尺寸起止符号及尺寸数字等要素组成。

1. 尺寸组成要素

尺寸组成要素如图 7.7 所示。

（1）尺寸界线。一般从被标注图形轮廓线两端引出，并垂直所标注轮廓线，用细实线画出。尺寸界限有时也可用轮廓线代替。尺寸界线应用细实线绘制，其一端应当离开图样轮廓线不小于 2mm，另一端宜超出尺寸线 2～3mm。

（2）尺寸线。尺寸线一般平行于所注写对象的度量方向，用细实线画在尺寸界限之间并于尺寸界线垂直相交为止。

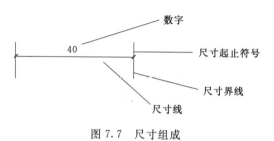

图 7.7　尺寸组成

（3）尺寸起止符号。一般在尺寸线与尺寸界线的相交处画一长 2～3mm 的细实线，其倾斜方向与尺寸线顺时针成 45°。家具制图标准中起止符号也可以用小圆点表示。

对于直径、半径及角度在反应圆弧形状的视图上，其尺寸起止符号则改用箭头表示。

（4）尺寸数字。尺寸数字一律用阿拉伯数字注写，用于标示形体实际大小而与图形比例无关。尺寸数字一般标注于尺寸线中部的上方，也可将尺寸线断开，中间注写尺寸数字。当尺寸线处于不同方向时，尺寸数字的注写方法如图 7.8 所示。

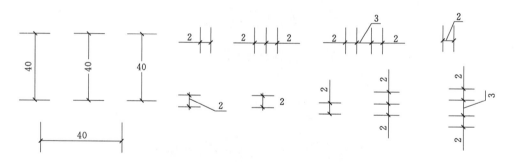

图 7.8　尺寸数字的注写方法（单位：mm）

2. 互相平行的尺寸线

应从被注的图样轮廓线由近向远整齐排列，小尺寸应离轮廓线较近，大尺寸应离轮廓线较远。而平行排列的尺寸线的间距，宜为 7～10mm，并应保持一致。

3. 图样轮廓线以外的尺寸线

图样轮廓线以外的尺寸线距离图样最外轮廓线之间的距离，不宜小于 10mm。

4. 总尺寸的尺寸界限

应靠近所指部位，中间的分尺寸的尺寸界线可稍短，但其长度应相等。

5. 半径、直径的尺寸标注

半径的尺寸线应当一端从圆心开始，另一端画箭头指向圆弧，半径数字前应加注半径符号"R"；

标注直径尺寸时，直径数字前应加直径符号"ϕ"，在圆内标注的直径尺寸线应通过圆心，两端画箭头指向圆弧。半径、直径的尺寸标注方法如图 7.9 所示。

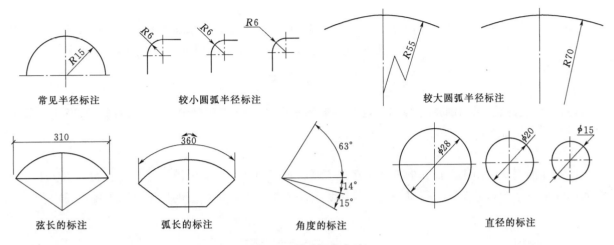

图 7.9 尺寸标注方法

6. 角度的标注

角度尺寸线是圆弧线，尺寸数字一律水平书写，起止符号用箭头表示。如果没有足够位置画箭头，可用圆点代替（图 7.10）。

7. 零件断面的尺寸标注方法

零件断面尺寸可用一次引出方法标注，应当注意的是将引出一边的尺寸写在前面（图 7.11）。

8. 材料及规格的标注方法

表示多层材料及规格，可用一次引出分格标注，文字说明的次序应与层次一致（图 7.12）。

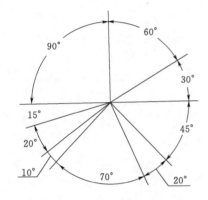

图 7.10 角度尺寸标注方法

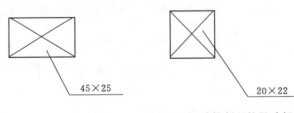

图 7.11 零件断面的尺寸标注方法

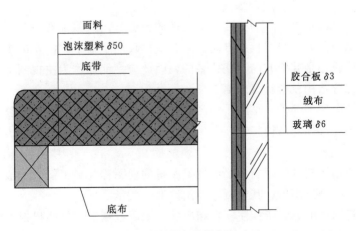

图 7.12 材料及规格的标注方法

7.2 家具结构图样表达

现代家具设计中，家具产品内外结构设计过程中的每一个阶段，都需要有相应的图形来记录与传递信息，并作为设计、加工的指导和依据，从而保证产品零部件的精确性。本节将以制图规范和标准为依据，介绍能够精确表达家具产品内外结构的各种方法。

7.2.1 视图

用正投影法绘制出的图形为视图。视图一般用来表达家具零部件的外部结构形态。分为基本视图、斜视图与局部视图。

1. 基本视图

国家标准规定，用正六面体的 6 个平面作为基本投影面，从物体的前、后、左、右、上、下 6 个方向向 6 个基本投影面投射，得到的 6 个视图称为基本视图。各投影面的展开方法如图 7.13 所示。

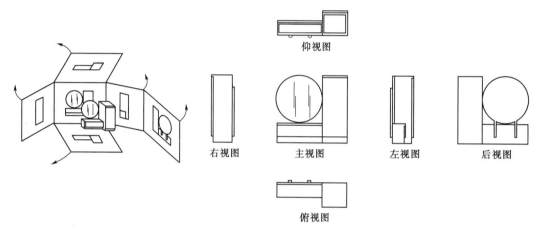

图 7.13 基本视图

6 个基本视图之间仍然应遵循长对正、高平齐、宽相等的投影规律。在同一张图纸内，各视图一律不注释视图名称。但若确因需要基本视图位置有变动，或不在同一张图纸上时，除主视图外，均要在图形上方写明视图名称。

2. 家具图样主视图及视图数量

6 个基本视图中主视图是最重要的。在各个基本视图中，主视图要求最能反映所画对象的主要形状特征。主视图的选择要考虑最有效地使用者清楚需要表达的产品对象的形状特点，其次还要便于加工，避免加工时为使图形与工件的方向一致而颠倒图纸。反应形体特征是主视图最重要的选择原则。

对于家具来说，一般都是以家具的正面作为主视图投影方向。但也有一些家具例外，如椅子、沙发等最为典型，常把侧面作为主视图投影方向。因为侧面反映了椅子、沙发的主要结构内容，尤其涉及功能的一些角度、曲线，是其他方向不能代替的，因此应把侧面作为主视图方向，再配以其他视图以全面完整地表达各部分结构及形状（图 7.14）。

表达一件家具或其中某一部件、结构，视图数量的确定取决于家具本身的复杂程度。原则上需要尽可能全面、精确的表达形体和结构特征，其次要便于制图和识图，避免重复表述。

3. 斜视图

将零件向不平行于任何基本投影面的平面投射所得的视图称为斜视图。一般只表达该零件倾斜部分的实形，其余部分不必全部画出，其断裂边界用波浪线表示。

斜视图一般在向视图的上方有所标注，在相应的视图附近用箭头指明投射方向，并注上相同的字母，或者旋转该视图绘制（图 7.15）。

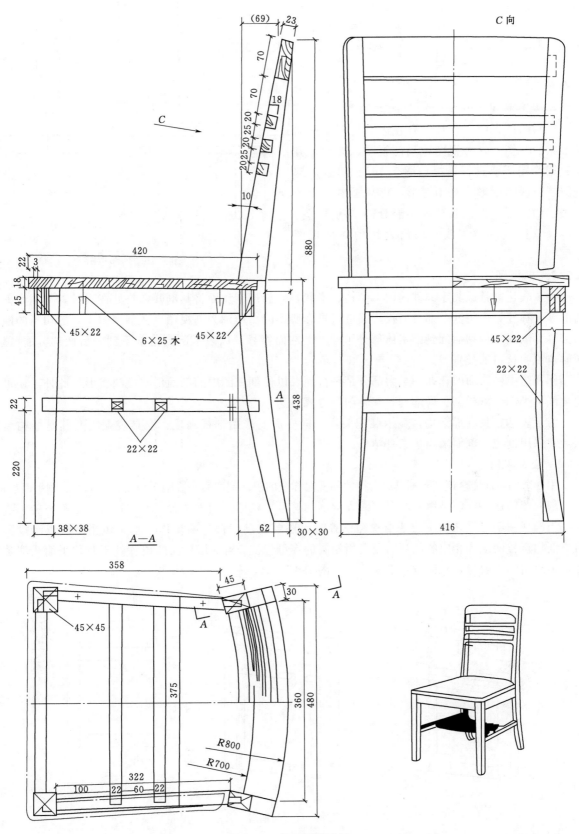

图 7.14　椅子视图示例

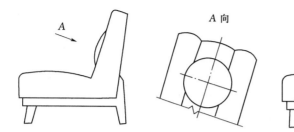
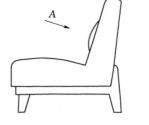
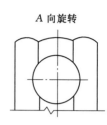

图 7.15 斜视图

4. 局部视图

在制图过程中，有时仅需表达家具零部件局部形状的视图，这种视图称局部视图。其投射方向根据绘图需要进行选择（图7.16）。如果局部视图或斜视图图形为封闭图形，可只画出封闭的要表达的图形；如果和整体不能分割，就需用折断线（双折线或波浪线）画出表达的局部视图范围。

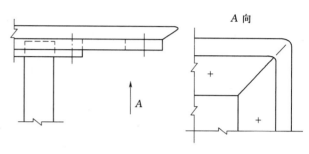

图 7.16　局部视图

7.2.2　剖视图

为了表达家具或其零部件的内部结构、形状，假想用剖切面将其剖开，将处在观察者与剖切面之间的部分移开，而将其余部分向投影面进行投影所得的图形称为剖视图。在剖视图中，剖切到的断面部分称为剖面，剖切面剖到的实体部分，应画上剖面符号，以表示剖到与剖不到的后面部分的区别，同时也说明材料的类别。

剖视图中剖切面的选择，绝大部分是平行面，以使剖视图中的剖面形状反映实形。此外，还可采用全剖、半剖、阶梯剖、局部剖、旋转剖等方式表达。

为了表达家具内部结构，显示装配关系，同样需要采用剖视画法。家具装配图尤其是结构装配图，常采用剖视、剖面来表达家具结构。

1. 全剖视图

用一个剖切面完全地剖开家具后所得的剖视图称全剖视。剖切面一般用正平面、水平面和侧平面表达。

剖视图的标注方法是用两段粗实线表示剖切符号，标明剖切面位置，剖切符号尽量不与轮廓线相交。当剖视图不是画在相应的基本视图位置时，还要在剖切符号两端作一垂直短粗实线以示投影方向。剖切符号两端和相应的剖视图图名用相同的字母标注。当剖切平面的位置处于对称平面或清楚明确，不致引起误解时，允许省略剖切符号（图7.17）。

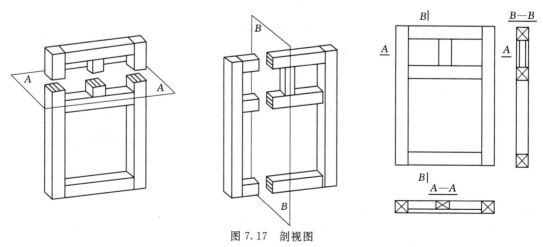

图 7.17　剖视图

2. 半剖视图

当家具或其零部件对称（或基本上对称）时，在垂直于对称平面的投影面上的投影，可以以对称中心线为分界线，一半画成剖视，另一半仍画视图（图7.18）。半剖视的标注方法同全剖视。剖切符号与全剖视一样横贯图形，以表示剖切面位置。标注的省略条件同全剖视。剖切面位置的选择要注意，一般切在对称面上或靠近中部，不要贴近两不同形状结构交界处。

3. 阶梯剖视图

由两个或两个以上互相平行的剖切平面，剖开家具或其零部件所得到的剖视图是阶梯剖视（图7.19）。

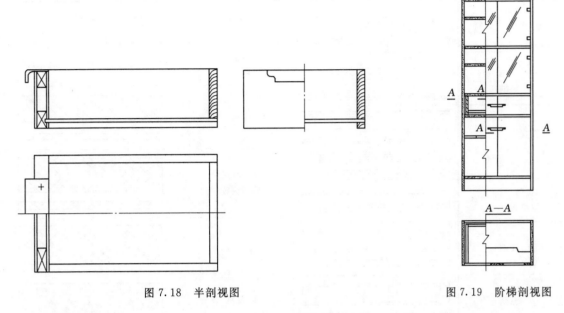

图7.18 半剖视图

图7.19 阶梯剖视图

4. 局部剖视图

用剖切平面局部地剖开家具或其零部件所得的剖视图就是局部剖视。局部剖视用波浪线与未剖部分分界。局部剖视一般不加标注（图7.20）。

5. 旋转剖视图

当两个剖切平面呈相交位置时，需要通过旋转使之处于同一平面内，这样得到的剖视图称为旋转剖视。视图中在剖切符号转折处也要写上字母（图7.21）。

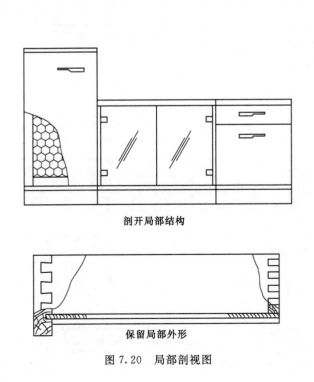

剖开局部结构

保留局部外形

图7.20 局部剖视图

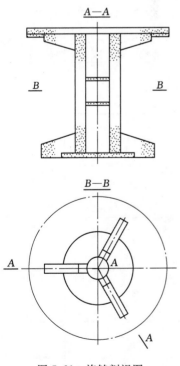

图7.21 旋转剖视图

6. 剖面符号

当家具或其零部件画成剖视图或剖面图时，假想被切到的部分一般要画出剖面符号，以表示剖面的形状范围以及零件的材料类别。《家具制图》标准规定了各种材料的剖面符号画法（表7.5）。剖面符号所用线型基本上是细实线。

表7.5   剖 面 符 号 表

木材	横剖（断面）	方材		纤维板	
		板材		薄木（薄皮）	
	纵剖			金属	
胶合板（不分层数）				塑料有机玻璃橡胶	
覆面刨花板					
细工木板	横剖			软质填充料	
	纵剖			砖石料	

在家具图样中，有时为了便于表达材料的种类，对于个别零件表面不被剖到时，也画上一些符号以示材料种类（表7.6）。

表7.6   特 殊 剖 面 符 号 表

名 称	图 例	剖 面 符 号
玻璃		
编竹		
网纱		
镜子		
藤织		
弹簧		
空心板		

7.2.3 局部详图

局部详图主要用来详细表达结构。如零部件之间的接合方式，连接件以及榫接合的类别、形状以及它们相对位置和大小。再如某些装饰性镶边线脚的断面形状，基本视图中无法画清楚，更无法标注局部结构的尺寸。为解决这一矛盾，就采用画局部详图的方法表达，即把基本视图中要详细表达的某些局部，用比基本视图大的比例，如采用1：2或1：1的比例画出，其余不必要详细表达的部分用折断线断开，这就是局部详图（图7.22）。

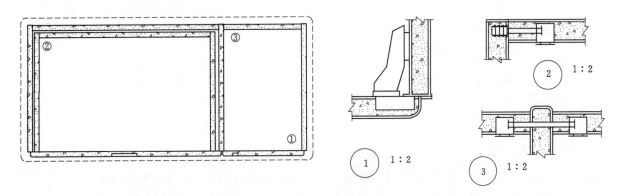

图 7.22 局部详图

必要时，局部详图还可采用多种形式出现，如基本视图某局部处可以画成剖视。此外，如果基本视图上没有，也可以画出其局部详图，这就是以局部剖视形式出现的详图。

局部详图边缘断开部分画的折断线，一般应画成水平和垂直方向，并略超出轮廓线外。空隙处则不要画折断线。

7.2.4 榫接合和连接件接合表达方法

家具是由一定数量的零件、部件连接装配而成的。连接方式有固定的，也有可拆卸的。例如胶接合、榫接合、铆接、圆钉接合、金属零件的焊接、咬接等，这些是固定式接合；可拆卸的连接则大量应用螺纹连接件，还有如木螺钉、倒刺、膨胀管等介于这两者之间的连接。连接的方式和所采用的连接件，对于家具的造型、功能、结构、家具的生产率等有着十分重要的意义。《家具制图》标准对一些常用的连接方式，如榫接合、螺钉、圆钉、螺栓等连接的画法都作了规定。

1. 家具榫接合表达方法

榫接合是指榫头嵌入榫眼的一种连接方式。其中榫头可以是零件本身的一部分，也可以单独制作，这时相连接的两零件都只打眼，即打榫孔（图7.23）。

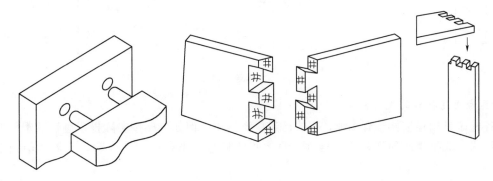

图 7.23 榫接合表达方法

榫接合有多种多样，基本有3种类型，即直角榫、燕尾榫和圆榫。《家具制图》标准规定，当画榫接合时，表示榫头横断面的视图上，榫端要涂以中间色，以显示榫头的形状类型和大小（图7.24）。

2. 家具常用连接件连接的画法

《家具制图》标准规定，在基本视图中，圆钉、木螺钉等连接件可用细实线表示其位置。必要时加注连接件名称、数量、规格，不需要画出连接件（图7.25）。

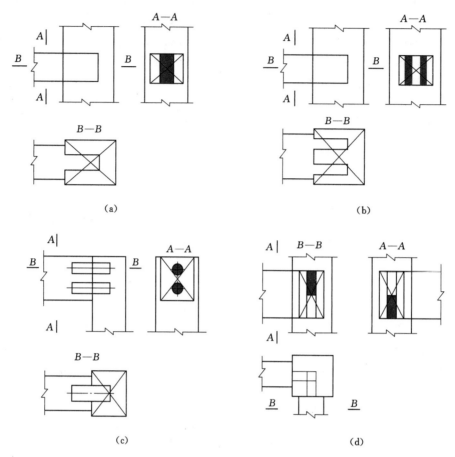

图 7.24　榫头横断面表达方法

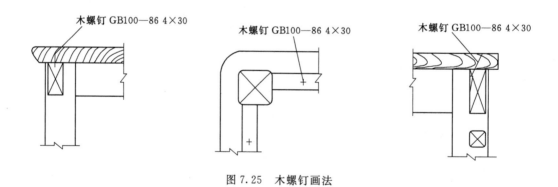

图 7.25　木螺钉画法

3. 家具专用连接件的规定画法

目前各种家具用连接件已有多种，有的已经广泛使用，但如果要按实际投影画仍然十分繁琐，对已经广为使用、成批生产的规格化连接件，只要指明型号种类就可方便外购，无需详细画出其各部结构。

连接件的简化画法，实际上是一种示意画法，仅表示是什么连接件。原则是以最简单的线条画出外形，带螺纹的杆件仍如前所述画成粗虚线。有些连接件形式较多，安装位置较为复杂，不是一个尺寸就可以确定。如暗铰链，若用示意画法，往往会因过于简单不能一眼辨别是何种形式，有关安装需要的尺寸也不便注出。遇到这种情况就要用简化画法来代替示意画法。图7.26为常用连接件画法图示。

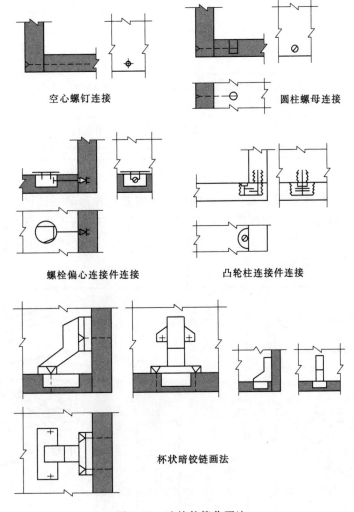

空心螺钉连接　　　　　　　　　圆柱螺母连接

螺栓偏心连接件连接　　　　　凸轮柱连接件连接

杯状暗铰链画法

图 7.26　连接件简化画法

7.3　家具结构图样及实例阐述

7.3.1　家具结构图样

家具设计制造过程中，从设计构思到最终产品生产完成，每一个阶段所需要的图样是不同的，常见家具结构图样包括：设计图、零件图、部件图、装配图及大样图，各图样的特点及功能见表 7.7。

表 7.7　　　　　　　　　　　　　　　　家具图样的种类

名称	图形	特　　点	主　要　用　途
结构装配图	正投影图	全面表达整体家具的结构，包括每个零件的形状、尺寸及它们的相互装配关系、制品的技术要求	施工用图的形式之一
部件装配图	正投影图	表达家具各个部件之间的装配关系、技术要求	与部件图联用构成施工用图的形式之二
部件图	正投影图	表达一个部件的结构，包括各零件的形状、尺寸、装配关系和部件的技术要求	与部件装配图联用
零件图	正投影图	表达一个零件的形状、尺寸、技术要求	仅用于形状复杂的零件与金属配件
大样图	正投影图	以 1:1 比例绘制的零件图、部件图或结构装配图	仅用于有复杂曲线的制件，供加工时可直接量比

名称	图形	特　　点	主　要　用　途
外形图	透视图	表达家具的外观形状	供设计方案研讨用,并作结构装配图的附图
效果图	透视图	表达家具在环境中的效果,包括家具在环境中的布置、配景、光影以至色彩效果	提供家具使用时的直观情况
安装示意图	透视图	表达家具处于待装配位置下的家具总体及所使用的简单工具	指导用户自行装配时用的直观图

1. 设计图

家具设计图是在设计草图基础上整理而成的。设计图要用详尽的三视图（图 7.27）表达家具的外观形状及结构要求,如家具的外部轮廓、大小、造型,各零部件的形状、位置和组合关系,家具的表面分割、内部划分等。在三视图中无法表达清楚的地方,需用局部视图和向视图等表示,适当配以文字描述家具材料、技术要求等。

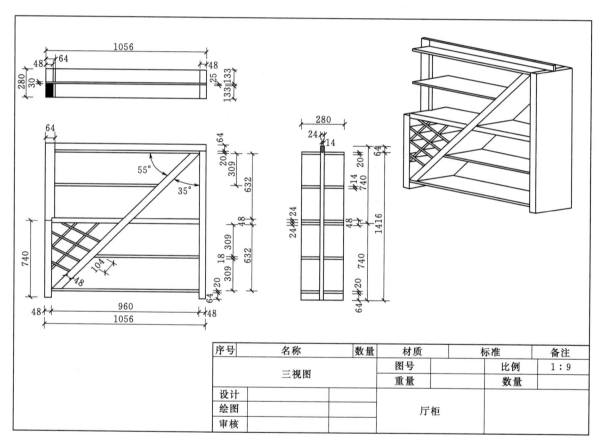

序号	名称		数量	材质		标准		备注
	三视图			图号			比例	1：9
				重量			数量	
设计								
绘图				厅柜				
审核								

图 7.27　家具设计图

2. 零部件图

零件图是表示不可再分的家具构件的图样。主要作用是表达零件各部分的形状结构以及加工装配所必需的尺寸数据等,目的是为生产符合设计要求的零件提供指导和依据,既要准确,又要便于看图下料,进行各道工序的加工。

部件图是表达两个或两个以上零件组装成配件的图样。一般是指由几个零件装配成的一个家具的构成部分,如抽屉、底座（架）、空心板旁板、小门等。它要求表达零件之间的装配关系、零件的形状和尺寸以及必要的技术要求。如果有较复杂形状的零件也往往可以在结构装配图中加画该零件的单独视图,用以表达清楚。图 7.28 示例了抽屉结构的画法。

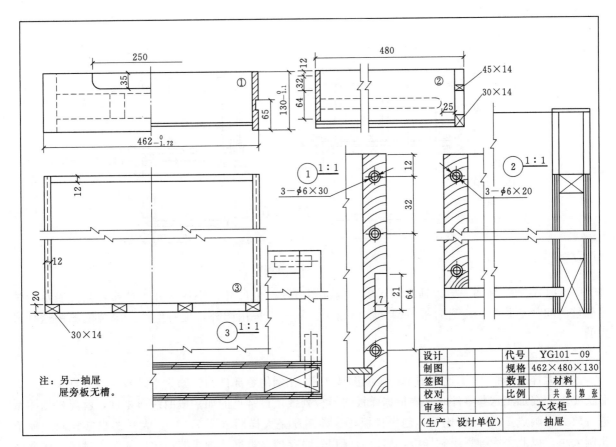

注：另一抽屉
屉旁板无槽。

设计		代号	YG101—09		
制图		规格	462×480×130		
签图		数量		材料	
校对		比例		共 张	第 张
审核		大衣柜			
（生产、设计单位）		抽屉			

图 7.28　零部件图

　　家具按部件分工生产，一般要画出零件图、部件图尤其板式家具。独立的部件图、零件图需详细注明其技术要求，即部件图的主要作用是指导零部件的加工和装配，由此在部件图纸上就要有完整的视图以表达清楚各部分形状结构，以及加工装配所需的尺寸数据等，目的是要求用正确的加工工艺生产出符合设计要求的零部件。

　　3. 装配图

　　家具装配图是全面表达产品内外结构和装配关系的图纸。

　　（1）结构装配图。家具结构装配图是表达家具内外详细结构的图样，要求在全面表达整个家具中各个零部件之间结构关系的基础上，还应表达零部件的形状及相互装配关系；要标注家具的基本外形尺寸、装配尺寸、主要零部件的尺寸和零件编号；标注比较详细的技术要求，如材质、接合形式、边部处理方法及加工精度等。当它替代设计图时，还应画有透视图。

　　家具结构装配图中的视图部分包括一组基本视图、一定数量的结构局部详图和某些零件的局部视图。

　　（2）部件装配图。部件装配图的作用是在家具零部件都已加工完毕和配齐的条件下，按图要求进行装配成产品。指明其在整个家具中的位置以及与其他零部件之间装配关系并注出家具装配后要达到的尺寸，如总体尺寸宽、深、高，功能尺寸如容腿空间等。

　　另外，部件装配图一般都要标注主要零部件编号（连接件除外）。注意零部件编号的要求，要按顺序围绕视图外围转，顺时针或逆时针方向均可，目的是为了容易对号查找（图 7.29）。当然，零部件的编号应和零部件图上的编号完全一致。很明显，生产家具仅有装配图是不够的，必须要配套的全部零部件图。反过来说，若有了零部件图，最后只要装配图就可以了，无需结构装配图那样，各细部结构都画得很详细，以至图看上去很繁杂。

　　家具图中也有以立体图形式表示家具各零部件之间装配关系的，主要是"自装配家具"销售时，为方便顾客自行装配家具，将家具各零部件的立体图形式画出，装配成家具，更多的是画成拆卸状

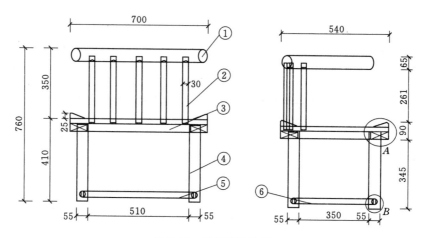

图 7.29　零部件装配图

（图 7.30）。这种立体图一般以轴测图居多，因画图方便。但尺寸大小往往并不严格，只要表示清楚零部件之间如何装配，装配的相对位置就可以了。除了销售用图外，也有生产厂家装配图用这种形式的。

4. 大样图

家具大样图是指 1∶1 比例的结构装配图或 1∶1 比例的零部件图。家具中某些零件有特殊的造型形状要求，在加工这些零件时常要根据样板或模板划线，最常见的如一般曲线形零件，就要根据图纸进行放大，画成 1∶1 原值比例，制作样板，这种图就是大样图（图 7.31）。大样图也常先画成原值比例大小，以此图为准划线制样板，然后为保存资料存档，再据此画成缩小比例的图。对于平面曲线一般用坐标方格网线控制较简单方便，只要按网格尺寸画好网格线，在格线上取相应位置的点，由一系列点光滑连接成曲线，就可画出所需的曲线了，无论放大或缩小都一样。假如曲线中有圆弧，则也可注出圆弧直径或半径尺寸则更为方便正确。

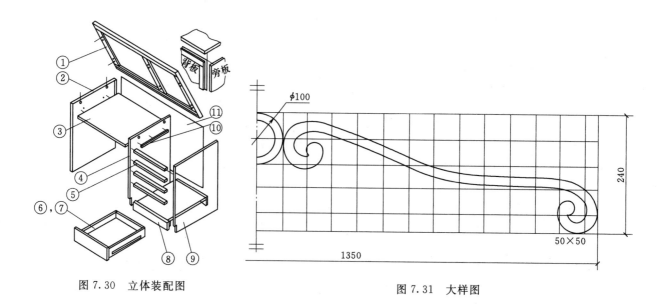

图 7.30　立体装配图　　　　　　　　　　　　图 7.31　大样图

7.3.2　家具结构设计图实例

1. 实木家具结构图（图 7.32～图 7.34）

2. 板式家具结构图示例（图 7.35～图 7.41）

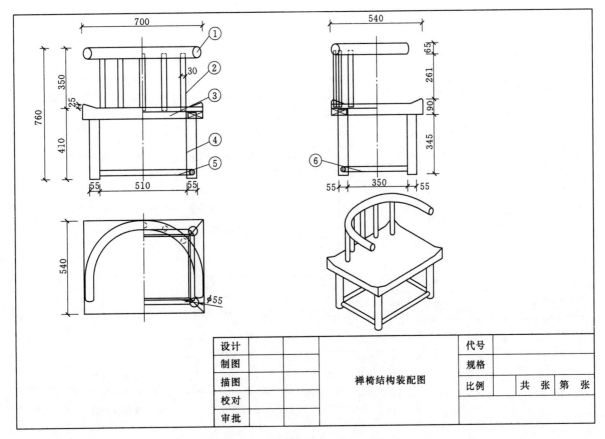

设计			代号			
制图			规格			
描图		禅椅结构装配图	比例		共 张	第 张
校对						
审批						

图 7.32 禅椅装配图（单位：mm）

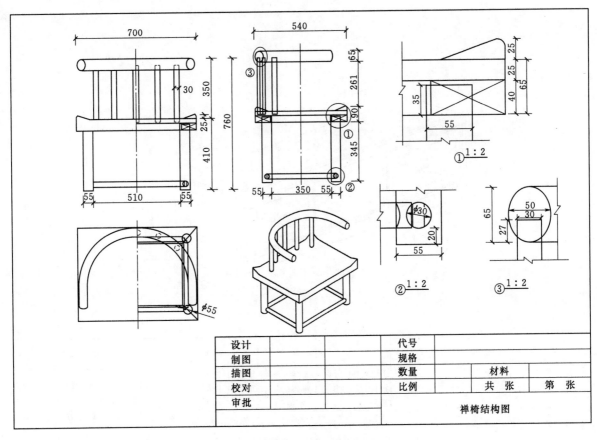

设计			代号			
制图			规格			
描图			数量		材料	
校对			比例		共 张	第 张
审批						
			禅椅结构图			

图 7.33 禅椅三视图及结构详图（单位：mm）

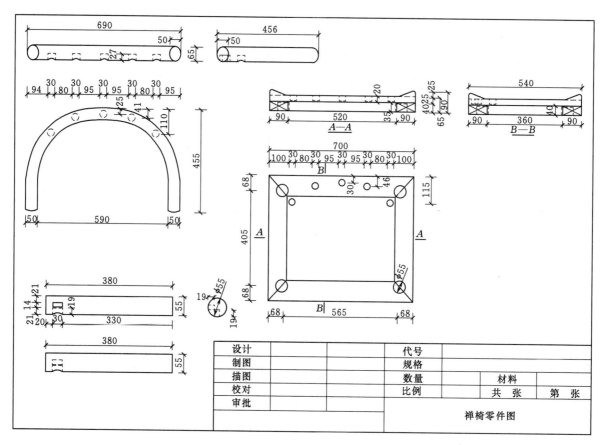

设计			代号			
制图			规格			
描图			数量		材料	
校对			比例		共 张	第 张
审批						
			禅椅零件图			

图 7.34　禅椅零件图（单位：mm）

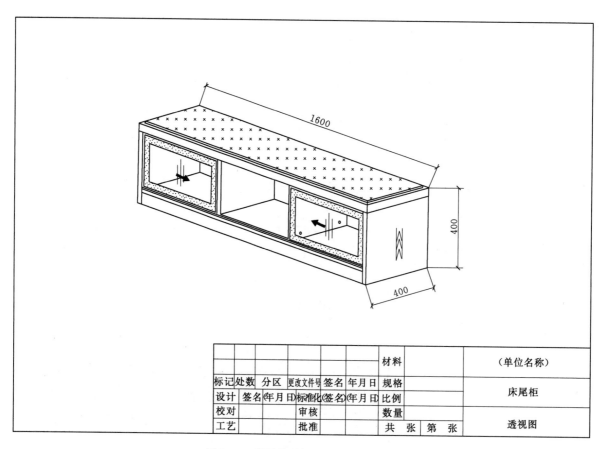

标记	处数	分区	更改文件号	签名	年月日	材料		（单位名称）
						规格		
设计	签名	年月日	标准化	签名	年月日	比例		床尾柜
校对			审核			数量		
工艺			批准			共 张 第 张		透视图

图 7.35　床尾柜透视图（单位：mm）

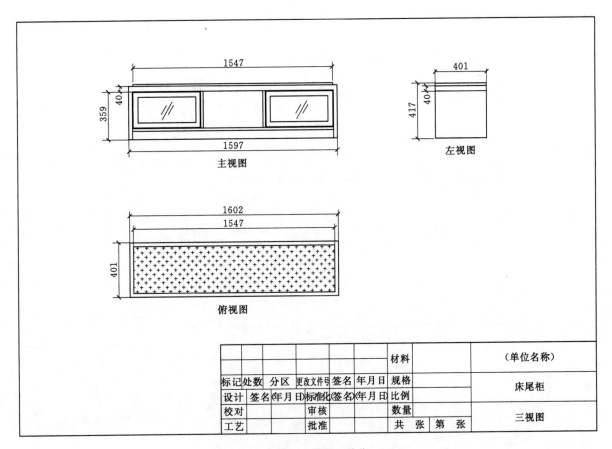

						材料		（单位名称）
标记	处数	分区	更改文件号	签名	年月日	规格		床尾柜
设计		签名	年月日	标准化	签名	年月日	比例	
校对				审核		数量		三视图
工艺				批准		共 张 第 张		

图 7.36　床尾柜三视图（单位：mm）

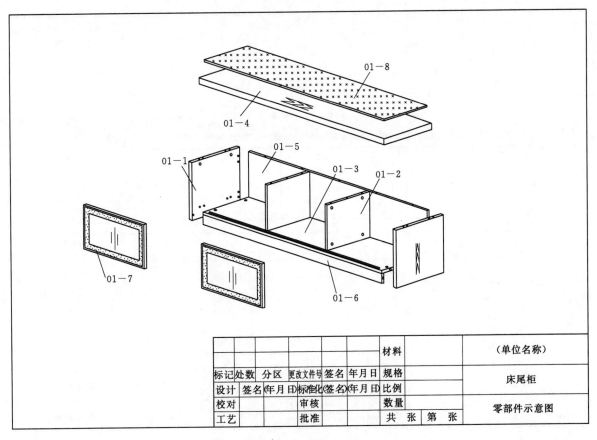

						材料		（单位名称）
标记	处数	分区	更改文件号	签名	年月日	规格		床尾柜
设计		签名	年月日	标准化	签名	年月日	比例	
校对				审核		数量		零部件示意图
工艺				批准		共 张 第 张		

图 7.37　床尾柜结构装配图（单位：mm）

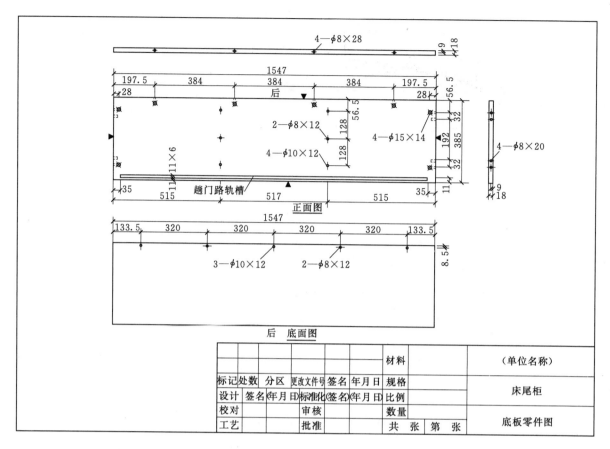

图 7.38 底板零件图（单位：mm）

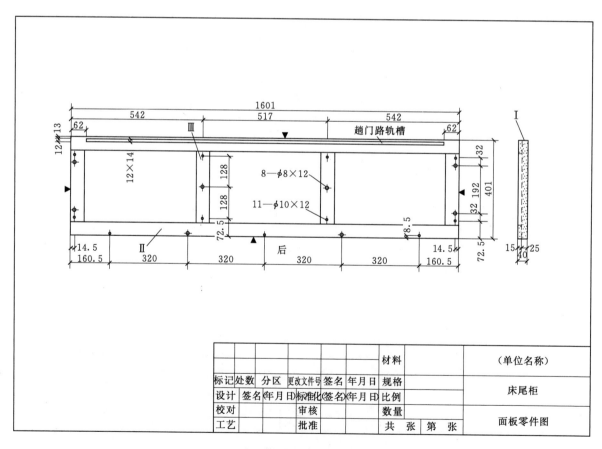

图 7.39 面板零件图（单位：mm）

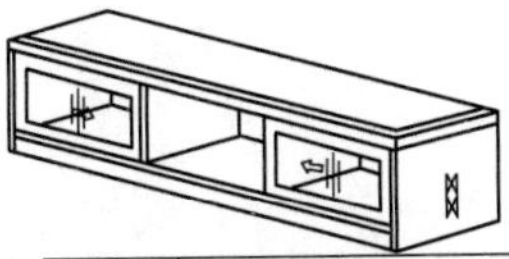

		开 料 明 细 表						制表	

开 料 明 细 表

产品名称	床尾柜	产品型号		
产品规格	1600×400×400	产品颜色	金柚色	

制表 / 校对 / 审批 / 版制

单位	mm						
序号	零部件名称	零部件代号	开料尺寸	数量	材料名称	封边	备注
1	侧板	01—1	358×400×25	2	金柚色刨花板	4	
2	中侧板	01—2	280×354×15	2	金柚色刨花板	4	
3	底板	01—3	1546×384×18	1	金柚色刨花板	4	
4	面板	01—4	1600×400×40	1	金柚色刨花板	4	成型开料
5		加厚	1615×415×25	1	金柚色刨花板	4	
6		加厚	1615×60×15	2	金柚色刨花板	封1长边	加厚板
7		加厚	295×60×15	4	金柚色刨花板	封1长边	
8	背板	01—5	1546×358×15	1	金柚色刨花板	4	
9	前脚条	01—6	1546×59×15	1	金柚色刨花板	4	
10	软包板	01—8	1560×360×9	1	中纤板		
11							
12							
13							
14							
15							
16							
17							
18							
19							
20							
21							
22							
23							

图 7.40 床尾柜开料明细表

五 金 配 件 明 细 表

产品名称：床尾柜

分类名称	材料名称	规格	数量	备注	分类名称	材料名称	规格	数量	备注
封袋配件	三合一	φ15×11/φ7×28	32套		安装配件	趟门玻	518×270×5	1块	
	木榫	φ8×30	20个						
	自功螺丝	φ4×30	4粒						

	材料名称	规格	数量	备注
发包装配件	普通路轨	350mm	2副	
	趟门上下槽	L1462mm	各1条	单槽
	铝框	522×274×22	2件	
	软包	1560×360×80	1件	

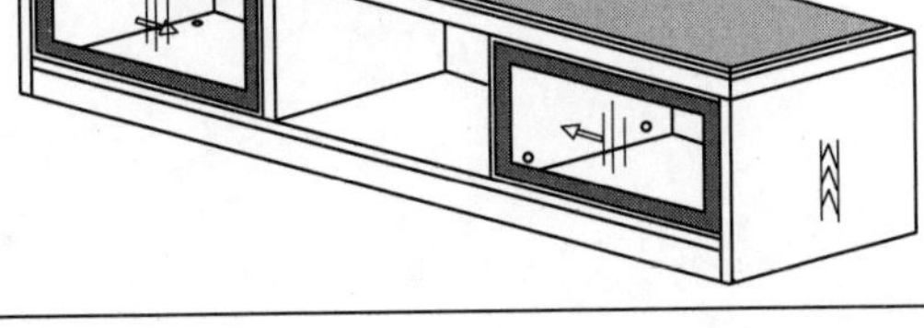

图 7.41 床尾柜五金配件明细表

课后思考与练习

（1）简述家具制图规范对那些部分做出了要求。

（2）家具生产、设计中常用家具图样有哪几类？各有什么作用？

（3）绘制家具设计图的基本要求及尺寸标注的要求是什么？

（4）试述家具结构装配图基本表达的内容。

（5）简述家具设计过程中怎样取舍图样种类。

参 考 文 献

[1] 卡尔·艾克曼. 家具结构设计 [M]. 北京：中国林业出版社，2008.
[2] 袁园，朱晓敏. 家具结构设计与制造工艺 [M]. 武汉：华中科技大学出版社，2016.
[3] 宋魁彦. 家具设计制造学 [M]. 哈尔滨：黑龙江人民出版社，2006.
[4] 许柏鸣. 家具设计 [M]. 北京：中国轻工业出版社，2000.
[5] 彭亮，许柏鸣. 家具设计与工艺 [M]. 北京：高等教育出版社，2014.
[6] 关惠元. 现代家具结构讲座 第三讲：传统实木家具结构及结构的现代化 [J]. 家具，2007 (3).
[7] 唐彩云. 基于办公家具设计灵活应用"32mm 系统"的思考和实践 [J]. 西北林学院学报，2012 (5).
[8] 姚浩然，江敬艳. "32mm 系统"设计方法应用的研究 [J]. 家具，2002 (3).
[9] 关惠元. 现代家具结构讲座 第四讲：板式家具结构——五金连接件及应用 [J]. 家具，2007 (4).
[10] 吴悦琦. 木材工业实用大全·家具卷 [M]. 北京：中国林业出版社，1998.
[11] 于伸. 家具造型与结构设计 [M]. 哈尔滨：黑龙江科学技术出版社，2004.
[12] 吴智慧. 木家具制造工艺学 [M]. 北京：中国林业出版社，2012.
[13] 袁园，朱晓敏. 家具结构设计与制造工艺 [M]. 武汉：华中科技大学出版社，2016.
[14] 李陵. 家具制造工艺及应用 [M]. 北京：化学工业出版社，2016.
[15] 许柏鸣. 家具设计 [M]. 北京：中国轻工业出版社，2015.
[16] 张仲凤，张继娟. 家具结构设计 [M]. 北京：机械工业出版社，2012.
[17] 彭亮，许柏鸣. 家具设计与工艺 [M]. 北京：高等教育出版社，2014.
[18] 吴智慧，徐伟. 软体家具制造工艺 [M]. 北京：中国林业出版社，2008.
[19] 陶涛，陈星艳，高伟. 软体家具制造工艺 [M]. 北京：化学工业出版社，2011.
[20] 王所玲，潘鲁生. 家具制造实训 [M]. 济南：济南出版社，2014.
[21] 李重根. 金属家具工艺学 [M]. 北京：化学工业出版社，2011.
[22] 马掌法，黎明. 家具设计与生产工艺 [M]. 北京：中国水利水电出版社，2012.
[23] 袁园，朱晓敏. 家具结构设计与制造工艺 [M]. 武汉：华中科技大学出版社，2016.
[24] 张仲凤. 家具结构设计 [M]. 北京：机械工业出版社，2012.
[25] 宋魁彦. 家具设计制造学 [M]. 哈尔滨：黑龙江人民出版社，2006.
[26] 潘速圆. 家具制图与木工识图 [M]. 北京：高等教育出版社，2010.
[27] 周雅南. 家具制图 [M]. 北京：中国轻工业出版社，2007.